中学受験のための 1日5題 まいにち算数

MIKUNI

もくじ

■ まいにち算数の特長と使い方 …………………………………………… 4

視点 Ⅰ　ルールを意識して工夫しよう

1 …整数計算・逆算／集合／図形の単純化 …………………………………… 7
2 …小数・分数の計算／つるかめ算／図形の単純化 ………………………… 15
3 …小数・分数の逆算／年令算／三角定規 …………………………………… 23

視点 Ⅱ　等しい部分に着目しよう

4 …分配法則の利用／分配算と相当算／回転移動 …………………………… 31
5 …逆算と分配法則／倍数算と和／紙折りと多角形 ………………………… 39
6 …整数と分配法則／倍数算と差／○×の利用 ……………………………… 47

視点 Ⅲ　表し方を変えてみよう

7 …分数の形と通分／歯車と仕事算／容器傾け ……………………………… 55
8 …単位分数分解／積一定と逆比／展開図 …………………………………… 63
9 …小数を分数に／積一定と平均／立体と相似 ……………………………… 71

視点 Ⅳ　表し方の約束に着目しよう

10 …単位換算／数の性質／図形の通過 ………………………………………… 79
11 …約束記号／割合の消去／回転体 …………………………………………… 87
12 …大小と範囲／ニュートン算／自転と公転 ………………………………… 95

視点 Ⅴ　しくみをつかもう

13 …規則性／割合と比の統一／底辺比と面積比 ……………………………… 103
14 …比例式とＮ進法／過不足・差集め／面積比 ……………………………… 111
15 …推理／順列・組み合わせ／底辺比と相似比 ……………………………… 119

■ 〈切り取り〉ここまでやったよ！達成シート

本文・カバーデザイン／エッジ・デザインオフィス

まいにち算数の特長

特長1　1回5題→90回で450題

- ▶ 計算 3題
- ▶ 文章題 1題
- ▶ 図形 1題

※問題はすべて、実際の中学入試問題から

1回分は5題と、毎日取り組むのにも負担がない分量です。1回に計算・文章題・図形の問題が入っているので、単調にならずに集中して取り組むことができます。5つの問題は、形式はちがうものの、必要な「視点」は共通です。

特長3　1セット（6回分）がホップ・

基本チェック
まずは、そのセットの問題を解くにあたって意識したい基本的なポイントを確認します。問題に取り組む前にチェックしましょう。

★問題に取り組む前に大切なことを確認できる

視点チェック
「知っている公式がそのままでは当てはまらない」「問題が複雑でどこから手をつけたらいいかわからない」…そんなときに必要となる「視点」を確認します。

★ステップ・ジャンプは2回分。弱点補強がすぐできる

ホップ
基本が押さえられていれば解けるスタンダードな問題です。「基本チェック」を確認してから解きましょう。解答はページをめくった裏にあるので、すぐに答え合わせができます。

ステップ
「ホップ」の基本問題にひねりが加わった問題です。その問題を解くための、切り口や手立てを見つける力が必要です。「視点チェック」をふまえながら挑戦しましょう。

問題分類は「視点」で構成

- 視点Ⅰ　ルールを意識して工夫しよう
- 視点Ⅱ　等しい部分に着目しよう
- 視点Ⅲ　表し方を変えてみよう
- 視点Ⅳ　表し方の約束に着目しよう
- 視点Ⅴ　しくみをつかもう

公式や手順を単純に覚えるだけでは、入試問題は解けません。問題ごとに、何を意識し、どこに着目すればいいのかを見極めるための「視点」が必要です。本書は必要な「視点」によって問題分類されています。

ステップ・ジャンプの3段階

解説　解答
ひねりが加わった「ステップ・ジャンプ」の問題は、次のページにくわしい解説があります。2回分とも、同じような考え方・力で解けるように設定されています。

★くわしい解説がすぐに見られる

探究しよう!
より深い学びにつなげるためにプラスαで持っておくとよいポイントを紹介します。関連問題のヒントになることも。

関連問題
「ホップ・ステップ・ジャンプ」と進んできたことで、さらに発展的な問題にも対応できる力がついたことを確かめます。

ジャンプ
「ステップ」問題よりもさらにひねられた歯ごたえのある問題です。計算が複雑になったり、プロセスが長くなったりするので、焦らずに整理しながら解きましょう。

1セットを3回くり返すことで、1つの視点を習得!

まいにち算数の使い方

1. まず、専用のノートを用意しましょう。

2. 巻末の「達成シート」を切り取り、ノートの最初のページに貼ります。

3. 取り組んだ日にちを問題集の「日付らん」に、「1回目」からかき込みましょう。

4. 途中式や答えはノートにかきましょう。

5. 1回分（5題）解き終わったら、答え合わせをしましょう。解答・解説は問題の次のページにのっています。

6. できなかった問題は「不答チェックらん」にチェックを入れておきましょう。「達成シート」の番号に色をぬったら、1回分終了です。

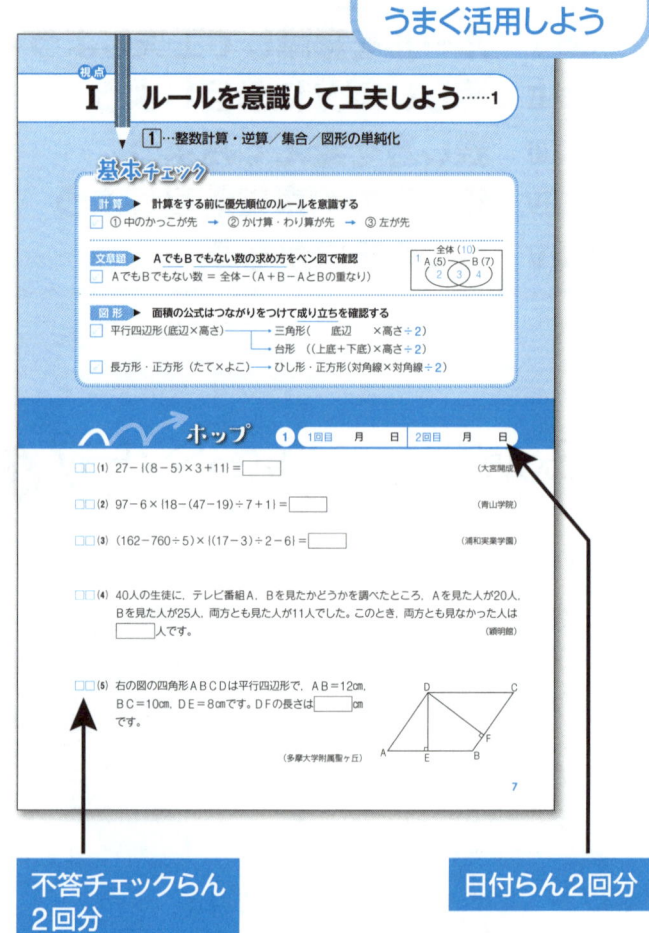

かき込みらんもうまく活用しよう

不答チェックらん 2回分

日付らん 2回分

進め方

進め方はいろいろあります。下の流れを参考にしながら、自分に合ったやり方で進めてください。

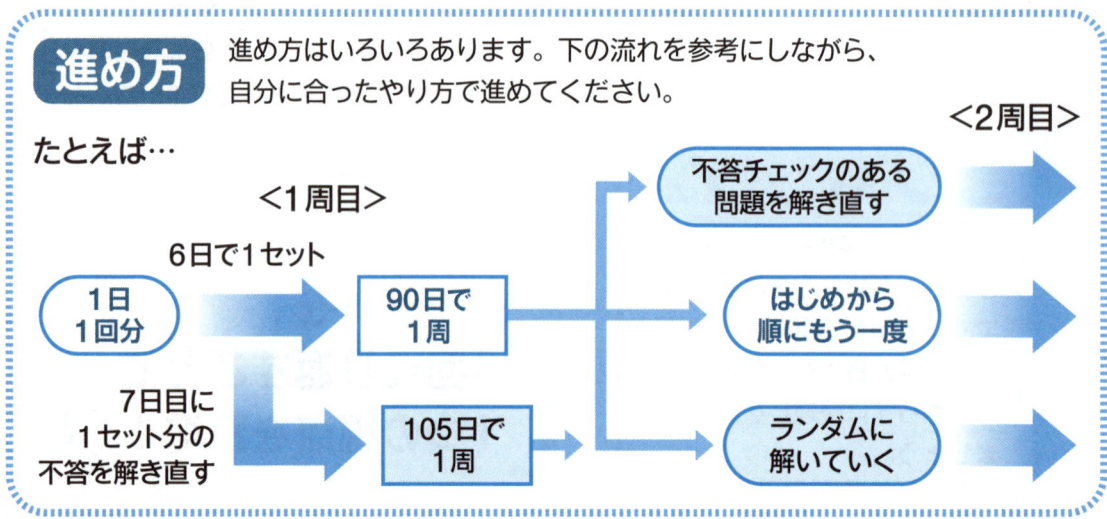

視点 I ルールを意識して工夫しよう……1

1 …整数計算・逆算／集合／図形の単純化

基本チェック

計算 ▶ 計算をする前に優先順位のルールを意識する
☐ ① 中のかっこが先 ➡ ② かけ算・わり算が先 ➡ ③ 左が先

文章題 ▶ AでもBでもない数の求め方をベン図で確認
☐ AでもBでもない数 ＝ 全体−（A＋B−AとBの重なり）

図形 ▶ 面積の公式はつながりをつけて成り立ちを確認する
☐ 平行四辺形（底辺×高さ）─→ 三角形（　底辺　×高さ÷2）
　　　　　　　　　　　　 └→ 台形　（（上底＋下底）×高さ÷2）
☐ 長方形・正方形　（たて×よこ）─→ ひし形・正方形（対角線×対角線÷2）

ホップ ① 1回目 月　日　2回目 月　日

☐☐ (1) $27-\{(8-5)\times 3+11\}=\boxed{}$　　　　　　　　　　　（大宮開成）

☐☐ (2) $97-6\times\{18-(47-19)\div 7+1\}=\boxed{}$　　　　　　（青山学院）

☐☐ (3) $(162-760\div 5)\times\{(17-3)\div 2-6\}=\boxed{}$　　　（浦和実業学園）

☐☐ (4) 40人の生徒に，テレビ番組A，Bを見たかどうかを調べたところ，Aを見た人が20人，Bを見た人が25人，両方とも見た人が11人でした。このとき，両方とも見なかった人は　　　人です。
（穎明館）

☐☐ (5) 右の図の四角形ABCDは平行四辺形で，AB＝12cm，BC＝10cm，DE＝8cmです。DFの長さは　　　cmです。

（多摩大学附属聖ヶ丘）

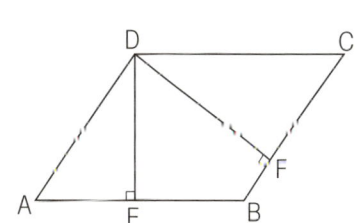

視点チェック

計算 ▶ 整数の計算問題では，分数に直せないかを考えてみよう

☐ わり算は「÷」の後ろを分母にした分数に直すことができる

$$A \div B = \frac{A}{B} = A \times \frac{1}{B}$$

【例】$99 \div 3300 \div 33 = \frac{99}{3300} \times \frac{1}{33} = \frac{3}{100 \times 33} = \frac{1}{1100}$ （約分できて簡単になる）

［誤答］$99 \div 3300 \div 33 = 99 \div 100 = 0.99$ （「左が先」ルールに違反している）

【例】$1 + 1 \div (1 + 1 \div 2) = 1 + 1 \div (1 + \frac{1}{2}) = 1 + 1 \div \frac{3}{2} = 1 + \frac{2}{3} = 1\frac{2}{3}$

☐ 「÷□」の逆算はわり算

$A \div □ = C$ ならば，$□ = A \div C$

【例】$4 \div □ = 6$ ならば，$□ = 4 \div 6 = \frac{4}{6} = \frac{2}{3}$

文章題 ▶ 数値や表現が複雑なときは，視覚化してから解いてみよう

☐ 条件が少ない集合の問題では，一定部分に着目して極端に単純な場合をつくる
☐ 割合がからむ集合の問題では，割合と具体量のつながりを意識する
☐ 集合を1つ増やすごとに，全体を分類する数は2倍になる

[2つに分類]

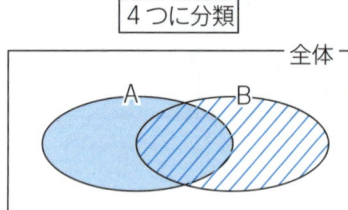

[4つに分類]

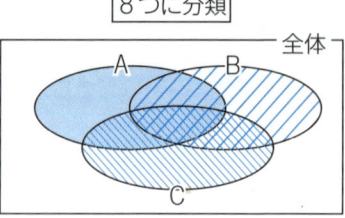

[8つに分類]

図形 ▶ 「分ける」「のばす」「変形する」を使って図形の単純化をしてみよう

☐ 複雑な図形を単純化することで，情報を知識につなげられるようにする

【例】 もとの図形  ⇒ 分ける 　のばす 　変形する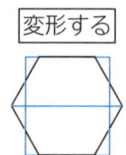

☐ 等しい部分に着目することが大切
「面積が等しい」「長さが等しい」「形が等しい（相似）」「形も大きさも等しい（合同）」など

ホップ (p.7) ❶解答

❶ (1) 7　(2) 7　(3) 10　(4) 6　(5) 9.6

ステップ ２　１回目　月　日　２回目　月　日

□□(1) $7007 \times 5555 \div 5005 = \square$　（かえつ有明）

□□(2) $1 + 2 \div [1 + 2 \div \{1 + 2 \div (1 + 2)\}] = \square$　（西武学園文理）

□□(3) $1000 + 11 \times 1100 + 111 \times 1110 + 1111 \times 1111 = \square$　（成城学園）

□□(4) ある学校の６年生172人にアンケートを実施（じっし）しました。スケートをしたことがある人の人数は，スキーだけしたことがある人の人数と同じでした。また，スケートをしたことがある人の中で，スキーをしたことがある人としたことがない人の人数の比は９：５でした。どちらもしたことがない人の人数は10人未満でした。スキーをしたことがある人の人数は□人です。　（三輪田学園）

□□(5) 図のように，３つの正方形を並べた図形を作りました。三角形ＡＢＣの面積は□cm²です。　（桜美林）

３　１回目　月　日　２回目　月　日

□□(1) $3 \times (14 \div 3 - 17 \div 6) - 6 \div (8 \div 3 - 2) \div 2 = \square$　（国府台女子学院）

□□(2) $21 \div [1 + 1 \div \{1 \div (1 + 1 \div \square)\}] = 9$　（本郷）

□□(3) $371 \times 14 + 35 \times 27 - 238 \times 9 - 23 \times 6 = \square$　（学習院）

□□(4) 42人のクラスで通学方法のアンケートを行ったところ，通学にバスを使っている人は23人，電車を使っている人は25人でした。通学にバスと電車の両方を使っている人は，最も少なくて□人だと考えられます。　（東京都市大学等々力）

□□(5) 右の図のように，長方形の中に平行な直線を２本引きました。斜線（しゃせん）部分の面積は□cm²です。　（普連土学園）

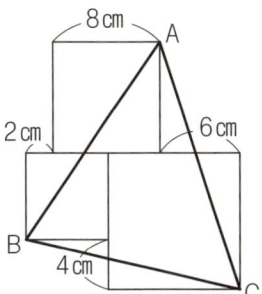

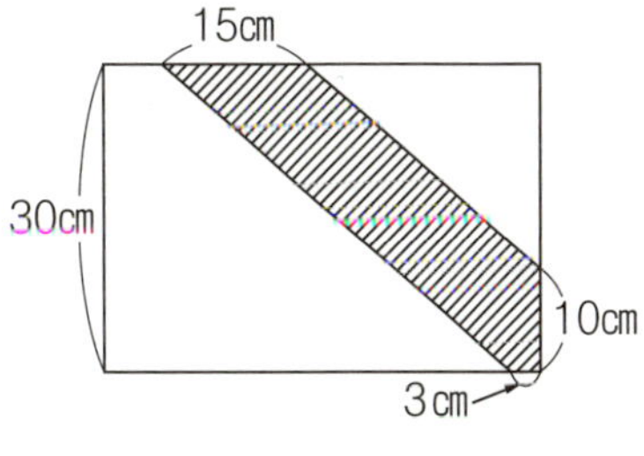

ステップ (p.9) ❷❸解答

❷ (1) 7777　(2) $1\frac{10}{11}$　(3) 1370631　(4) 138　(5) 132

解説

(1) 分数に直すときは，÷の後ろを分母にする。

$$7007 \times 5555 \div 5005 = \frac{7007 \times 5555}{5005} = \frac{7 \times 5555}{5} = \frac{7 \times 1111}{1} = 7777$$

(2) 中のかっこを先に計算する。

$$1 + 2 \div [1 + 2 \div \{1 + 2 \div (1+2)\}] = 1 + 2 \div [1 + 2 \div 1\frac{2}{3}]$$
$$= 1 + 2 \div [1 + 2 \times \frac{3}{5}] = 1 + 2 \div \frac{11}{5} = 1 + \frac{10}{11} = 1\frac{10}{11}$$

(3) この問題の場合は工夫せずにやるほうが簡単。

$$1000 + 11 \times 1100 + 111 \times 1110 + 1111 \times 1111 = 1000 + 12100 + 123210 + 1234321$$
$$= 1370631$$

(4) 条件が少ないので，極端な場合を考えてみる。

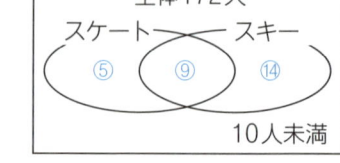

両方したことがある人を9人と仮定すると，
スケートだけしたことのある人は9：5から5人となり，
スキーだけしたことのある人は問題文から9 + 5 = 14人。
だから，それぞれ，⑨，⑤，⑭（人）とおける。
⑤ + ⑨ + ⑭ = ㉘　……どちらかでもしたことのある人
172 − 9 = 163なので，どちらかでもしたことのある人は，163人以上172人以下で28の倍数
163 ÷ 28 = 5 余り 23　　172 ÷ 28 = 6 余り 4
このことから，どちらかでもしたことのある人は28 × 6と決まる。
(9 + 14) × 6 = 138（人）　……スキーをしたことのある人

(5) 単純化するために，図形を「のばす」補助線を引く。

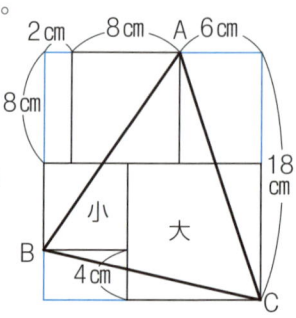

2 + 8 + 6 = 16（cm）　……図形全体をかこむ長方形のよこ
　　　　　　　　　（2つの正方形，小と大の辺の長さの和）
　　　　4（cm）　……小と大の辺の長さの差
(16 + 4) ÷ 2 = 10（cm）　……大の辺の長さ
8 + 10 = 18（cm）　……図形全体をかこむ長方形のたて
18 × 16 − (2 + 8) × (18 − 4) ÷ 2 − 6 × 18 ÷ 2 − 16 × 4 ÷ 2
　= 132（cm²）　……三角形ＡＢＣの面積

【別解】三角形ＡＢＣを，直角を利用して
　　　　内側を「分ける」補助線を引く。
　　　　上と同じように計算して，底辺と高さを出せばよい。

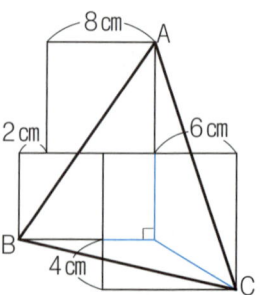

❸ (1) 1　(2) 3　(3) 3859　(4) 6　(5) 390

ジャンプ ④

(1) 72÷(20−□÷5)×4=24　　（神奈川大学附属）

(2) 19×19−13×13+17×17−11×11=□　　（鎌倉学園）

(3) 9+99+999+9999=□　　（東京純心女子）

(4) ある中学校の1年生にクイズA，Bを出しました。Aが正解だった人は126人，Bが正解だった人は78人，両方とも正解だった人は1年生全体の$\frac{1}{9}$，両方とも不正解だった人は1年生全体の$\frac{1}{6}$でした。この中学校の1年生の人数は□人です。　　（頌栄女子学院）

(5) 右の図のように，1辺の長さ10cmの正方形ABCDのそれぞれの辺上に点E，F，G，Hがあります。四角形EFGHの面積は□cm²です。

（国学院大学久我山）

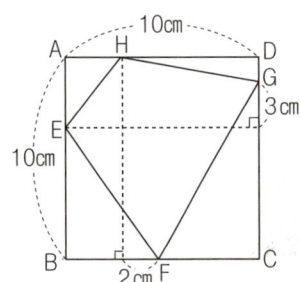

⑤

(1) 42−(5×8−□)÷3=13　　（麗澤）

(2) 101×102−98×99=□　　（日本大学藤沢）

(3) 17×11+16×9+15×99+14×101=□　　（明治大学付属中野八王子）

(4) ある学校の1年生は男子と女子の人数の比は3：5です。この学年で「イヌとネコどちらが好きか」というアンケートをしたところ，イヌが好きな人とネコが好きな人の人数の比が男子では4：3，女子では8：7になり，1年生全体でイヌが好きな人とネコが好きな人の人数の差は16人でした。1年生の人数は□人です。　　（青山学院）

(5) 縦5cm，横8cmの長方形の中に，四角形ABCDを図のように書きました。この四角形ABCDの面積は□cm²です。

（洗足学園）

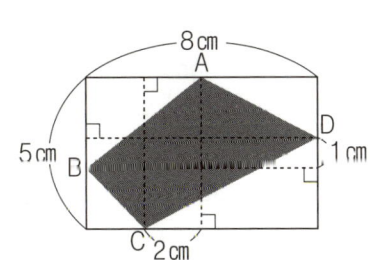

ジャンプ(p.11) ❹❺解答

❹ (1) 40　　(2) 360　　(3) 11106　　(4) 216　　(5) 53

解説

(1) 演算の回数が多くなる逆算では，演算に番号をふって，終わりの番号から順に逆算するとよい。

(2) そのまま計算してもよいが，意味づけをして工夫することもできる。
「□×□ − △×△」は正方形の面積の差と考えると，
幅が(□ − △)のL字型の面積をさす。
L字型を切って長方形に直すと，長さが(□ + △)になるので
「□×□ − △×△ = (□ − △)×(□ + △)」となる。

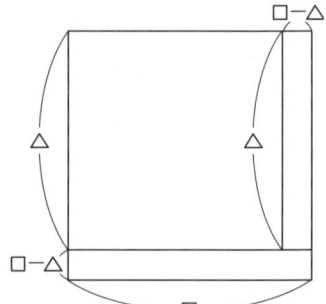

$19 \times 19 - 13 \times 13 + 17 \times 17 - 11 \times 11$
$= (19 - 13) \times (19 + 13) + (17 - 11) \times (17 + 11)$
$= 6 \times 32 + 6 \times 28 = 6 \times (32 + 28) = 6 \times 60 = 360$

(3) そのまま計算してもよいが，9 + 1 = 10のように，どれも「1」を足すと「10…0」になる数ととらえると，工夫することができる。
$9 + 99 + 999 + 9999 = 10 + 100 + 1000 + 10000 - 4$
$ = 11110 - 4 = 11106$

(4) 右の図のように
1年生の総数を①として線分図に表す。

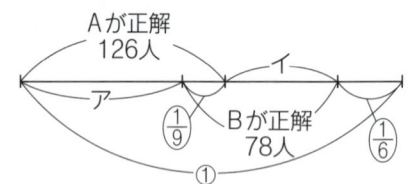

$① - \frac{1}{6} = \frac{5}{6}$ ……ア $+ \frac{1}{9} +$ イ
ア $+ \frac{1}{9} +$ イ $+ \frac{1}{9} = \frac{5}{6} + \frac{1}{9} = \frac{17}{18}$ が，
204人($= 126 + 78$)にあたる。
$204 \div \frac{17}{18} = 216$(人)

(5) 斜線部分の面積は
$2 \times 3 = 6$ (cm²)
各記号の面積はそれぞれ等しいので
$(10 \times 10 + 6) \div 2 = 53$ (cm²)

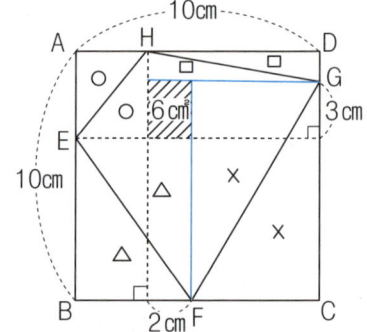

【別解】$2 \times 3 = 6$
$(10 \times 10 - 6) \div 2 + 6 = 53$　としてもよい。

❺ (1) 33　　(2) 600　　(3) 3230　　(4) 168　　(5) 19

関連問題

ルールを意識して工夫しよう1

(1) $66×66-55×55-11×11=\square$ （桜美林）

(2) $12×7-\{(35+\square)÷4-2\}=59$ （共立女子第二）

(3) $(21÷4-3)×2-\{5×\square-(1-2÷3)\}=4$ （国府台女子学院）

(4) 50人の生徒に，問題A，問題B，問題Cの3題からなる算数のテストを実施しました。問題Aを正解した生徒は27人，問題Bを正解した生徒は27人，問題Cを正解した生徒は28人，問題Aだけを正解した生徒は4人，問題Bだけを正解した生徒は3人，問題Cだけを正解した生徒は6人，問題Aと問題Bを正解して問題Cを正解できなかった生徒は10人でした。このとき，3問すべてを正解した生徒の人数は$\square$人です。 （浅野）

(5) 1辺が10cmの正方形の折り紙を図1のように3つの部分に分けて切り，並べかえたところ，図2のような長方形になりました。③の部分の面積は$\square$cm²です。
（日本大学第二）

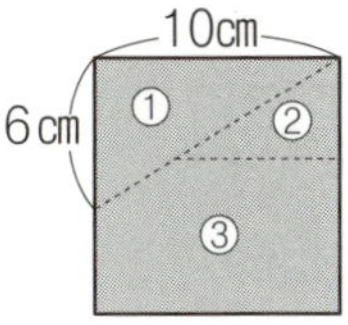

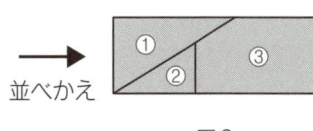

図1　並べかえ　図2

探究しよう！

計算 ▶ 数式に図形を使う意味づけをすると，どんな法則が発見できるか？

【例】$A×B+A×C-A×D=A×(B+C-D)$ 〈分配法則〉

【例】$A×A-B×B=(A+B)×(A-B)$ 〈二乗の差＝和と差の積〉

文章題 ▶ 状況に応じた視覚化とは？

・両方に入る個数と両方に入らない個数を比べるときは線分図が便利

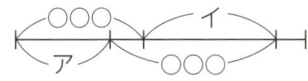

・イエス／ノーのように分割する場合は表が便利

	ねこをかっている	ねこをかっていない	合計
男子			
女子			
合計			

・3つの集合を対等に調べるにはベン図が便利

　AまたはBまたはCの数＝（Aの数＋Bの数＋Cの数）－（ABの重なり＋BCの重なり＋CAの重なり）＋（ABCの重なり）

　＊2つだけ重なる部分は2回足されているから1回引く
　＊3つ重なる部分は3回足されて3回引かれるから最後に1回足す

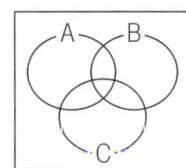

関連問題 (p.13) ❻解答

❻ (1) 1210　　(2) 73　　(3) $\dfrac{1}{6}$　　(4) 5　　(5) $56\dfrac{2}{3}$

解説

(1) 66，55が11の倍数であることに着目する。

$6 \times 11 \times 6 \times 11 - 5 \times 11 \times 5 \times 11 - 11 \times 11$
$= 36 \times 121 - 25 \times 121 - 1 \times 121$
$= (36 - 25 - 1) \times 121 = 10 \times 121 = 1210$

(2) 先に計算できる部分を計算し，式を単純化したら，あとは□をまとめて逆算する計算式をつくってもよい。

$(35 + \square) \div 4 - 2 = 12 \times 7 - 59 = 25$
$\square = (25 + 2) \times 4 - 35 = 73$

(3) (2)と同様，先に計算できる部分を計算して式を単純化したら，あとは□をまとめて逆算する計算式をつくってもよい。

$(21 \div 4 - 3) \times 2 = \left(\dfrac{21}{4} - \dfrac{12}{4}\right) \times 2 = \dfrac{9}{2}$　　　$1 - 2 \div 3 = \dfrac{1}{3}$

$\dfrac{9}{2} - \left\{5 \times \square - \dfrac{1}{3}\right\} = 4$

$\square = \left\{\left(\dfrac{9}{2} - 4\right) + \dfrac{1}{3}\right\} \div 5 = \dfrac{1}{6}$

(4) 条件をベン図に整理し，右の図のようにア～クとする。

$27 - (4 + 10) = 13$（人）　……エとオの人数の合計
$27 - (10 + 3) = 14$（人）　……オとカの人数の合計
$13 + 14 + 6 - 28 = 5$（人）　……オの人数

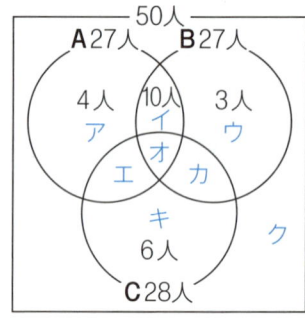

(5)
$10 \times 10 = 100$（cm²）　……図形全体の面積

$100 \div 6 - 10 = \dfrac{20}{3}$（cm）　……③の上の辺＝②の底辺

$\dfrac{20}{3} : 10 = 2 : 3$　……②と①の相似比

$2 \times 2 : 3 \times 3 = 4 : 9$　……②と①の面積比

$6 \times 10 \div 2 = 30$（cm²）　……①の面積

$30 \times \dfrac{4}{9} = \dfrac{40}{3}$（cm²）　……②の面積

$100 - 30 - \dfrac{40}{3} = \dfrac{170}{3} = 56\dfrac{2}{3}$（cm²）　……③の面積

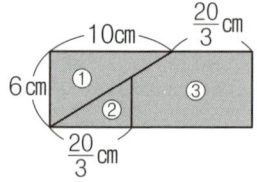

視点 I ルールを意識して工夫しよう……2

2…小数・分数の計算／つるかめ算／図形の単純化

基本チェック

計 算 ▶ 分数の計算は，分数の意味を理解してやり方を覚える

☐ 分数の分母は「分ける」，分子は「集める」という意味

文章題 ▶ 面積図を使って「つるかめ算」を筋道立てて理解する

【例】1個5gの玉と1個8gの玉があわせて10個。合計の重さが71gのとき…

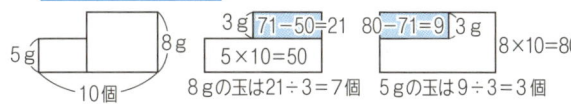

図 形 ▶ 面積の公式はつながりをつけて成り立ちを確認する

☐ 円の周　＝半径× 2 ×円周率　→　おうぎ形の弧　＝半径× 2 ×円周率× $\dfrac{中心角}{360}$

☐ 円の面積＝半径×半径×円周率　→　おうぎ形の面積＝半径×半径×円周率× $\dfrac{中心角}{360}$

ホップ ⑦　1回目　月　日　2回目　月　日

☐☐ (1) $10 \div \dfrac{5}{9} \div 6 \times \dfrac{1}{3} = \boxed{}$ （浦和実業学園）

☐☐ (2) $\dfrac{3}{4} + \dfrac{1}{4} \times 5 - \dfrac{1}{2} \div 5 = \boxed{}$ （藤嶺学園藤沢）

☐☐ (3) $\dfrac{6}{7} \times 1\dfrac{3}{4} - \dfrac{3}{2} \div 1.75 = \boxed{}$ （お茶の水女子大学附属）

☐☐ (4) 1個280円のショートケーキと1個340円のモンブランを合わせて30個買ったら，合計金額が9840円になりました。モンブランは☐個買いました。 （国府台女子学院）

☐☐ (5) 右の図は半径5cmの半円と半径10cmのおうぎ形を合わせた形です。色のついた部分の面積は☐cm²です。円周率が必要な場合には3.14として計算しなさい。

（富士見）

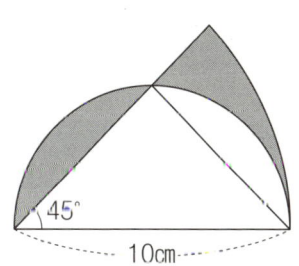

視点チェック

計算 ▶ 小数の計算問題では，分数が使えないかを考えよう

☐ 小数と分数のかけ算・わり算では，小数を分数に直す

☐ 分数と小数のたし算・ひき算では，分数を小数に直したほうがよい場合がある
　・分母が5，10，20，25，50の分数は，倍分を使うと簡単に小数に直すことができる
　・分母が2，4，8の分数は，0.5，0.25，0.125の倍数を使うと簡単に小数に直すことができる

☐ 「小数×整数」と「小数÷整数」は，小数のままで暗算できる場合がある
　・小数のけたが少ないとき　　　【例】1.2×2　　0.2×12
　・「小数÷整数」が割り切れるとき　【例】3.6÷3　　14.4÷12　　1.21÷11

文章題 ▶ 複雑なつるかめ算も単純な場合と比べて考えよう

☐ 〈罰則つきのつるかめ算〉
　成功すると加点され，失敗すると減点される設定のときは，
　失敗数＝(すべて成功したときの得点と実際の得点の差)÷(加点＋減点)

☐ 〈3種以上のつるかめ算〉
　A，B，Cの3種類が混ざっていて，AとBの2種類の量の平均を求めることができるときは，平均とCの2種類のつるかめ算におきかえることができる。
　【例】つる，かめ，とんぼが混ざっていて，かめがつるの3倍いたとしたら・・・
　　　つるとかめの足の平均本数　→　(4×3＋2×1)÷(3＋1)＝3.5本
　　　だから，3.5本足と，6本足のとんぼの2種類でつるかめ算をする。

図形 ▶ 複合図形の問題では，図形の単純化か，式の単純化を試みよう

☐ 円周率などの共通部分がある数式は，分配法則を使うと計算量を減らすことができる

☐ 半径の長さがわからない円の面積の求め方
　円の面積(半径×半径×円周率)＝半径を1辺とする正方形の面積×円周率
　　　　　　　　　　　　　　　＝　対角線　×　対角線　÷2　×円周率

　【例】AO，BOを半径とする円の面積を求める。
　　　正方形AOBCの面積＝4×4÷2＝8
　　　円の面積＝8×円周率

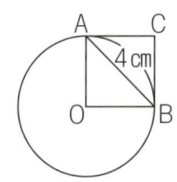

☐ 円はすべて相似なので「相似比＝半径比」，よって「円の面積比＝半径の2乗の比」

ホップ (p.15) ❼解答

❼ (1) 1　　(2) $1\dfrac{9}{10}$　　(3) $\dfrac{9}{14}$　　(4) 24　　(5) 14.25

ステップ 8

(1) $0.15 \div \left\{9 - \left(3.6 + 2\frac{1}{4}\right) \times 1\frac{3}{13}\right\} = \boxed{}$　（関東学院）

(2) $\left(5.9 - 4\frac{1}{2} \div 5\right) - \left(4.4 - \frac{7}{10}\right) - \left(1\frac{1}{2} - 0.2\right) = \boxed{}$　（浦和実業学園）

(3) $\left(1\frac{1}{6} - \frac{8}{9}\right) \div \left(\frac{1}{4} + 0.45 \times \frac{5}{6}\right) = \boxed{}$　（桐朋）

(4) 的に当てると8点もらえ、はずれると5点引かれるゲームをします。初めの持ち点を100点として、ゲームを20回しました。的に □ 回当てたので、得点は156点でした。　（開智）

(5) 図は、直角二等辺三角形と、中心角90°のおうぎ形を合わせた図形です。この図形の面積は □ cm²です。ただし円周率は3.14とします。　（洗足学園）

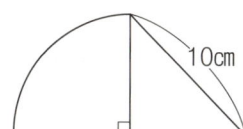

ステップ 9

(1) $3 \times \left\{4 - \frac{5}{18} \div \left(\frac{5}{6} - \frac{3}{4}\right)\right\} \div 2 = \boxed{}$　（大宮開成）

(2) $7.5 \div \left\{\left(2\frac{1}{4} - 0.57\right) \div 2.1 - \frac{3}{10}\right\} = \boxed{}$　（神奈川大学附属）

(3) $\left\{4.2 + \left(1\frac{4}{5} - 0.25\right) \times \frac{12}{5}\right\} \div 12 = \boxed{}$　（慶應義塾湘南藤沢）

(4) さいころを1回ふり、奇数が出たら2歩進み、偶数が出たら1歩戻るゲームをします。さいころを30回ふったとき、スタート地点から24歩進んだところにいました。このとき奇数は □ 回出ました。　（世田谷学園）

(5) 図のような円と1辺の長さが20cmの正方形があります。斜線部分の面積は □ cm²です。ただし、円周率は3.14とします。　（東京電機大学）

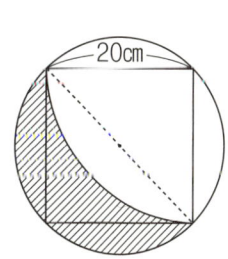

ステップ (p.17) ❽❾解答

❽ (1) $\frac{1}{12}$　(2) 0　(3) $\frac{4}{9}$　(4) 12　(5) 64.25

解説

(1) 演算数の多い計算では，どの番号まで計算したかをはっきりさせることが大切。

(2) たし算・ひき算が中心で，小数に直せる分数だけなので，小数計算にしたほうがよい。

(4) 〈罰則つきのつるかめ算〉

100＋8×20＝260（点） ……すべて成功したときの点数

(260－156)÷(8＋5)＝104÷13＝8(回) ……失敗数

20－8＝12(回) ……成功数

【補足】罰則つきのつるかめ算は，規則性の考え方がもとにある。

　　すべて成功したときの点数は，100＋8×20＝260（点）

　　1度失敗したときの点数は，100＋8×19－5×1＝247（点）となり，

　　260点よりも8点が1つ減り，さらに5点引かれるから，260－(8＋5)＝247（点）

　　2度失敗したときの点数は，100＋8×18－5×2＝234（点）となり，

　　260点よりも8点が2つ減り，さらに5点が2回引かれ，260－(8＋5)×2＝234（点）

失敗数	0	1	2	…	□
成功数	20	19	18	…	◎
点数	260	247	234	…	156

点数は，公差が8＋5＝13の等差数列になることがわかる。

公差のあつまりは，260－156＝104

公差の個数は，104÷13＝8

失敗数□＝8だから，成功数◎＝20－8＝12(回)

(5)　求める面積　＝　半径×半径×3.14×$\frac{1}{4}$　＋　直角三角形

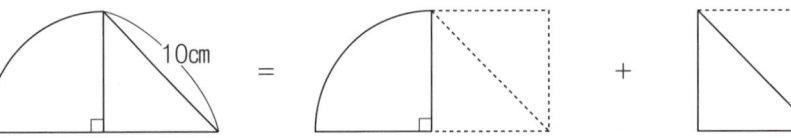

半径を一辺とする正方形の面積＝半径×半径

　　　　　　　　　　　　　＝対角線×対角線÷2

　　　　　　　　　　　　　＝10×10÷2＝50(cm²)

したがって，求める面積は　50×3.14×$\frac{1}{4}$＋50÷2

　　　　　　　　　　　　＝157÷4＋25＝39.25＋25＝64.25(cm²)

❾ (1) 1　(2) 15　(3) $\frac{33}{50}$ (0.66)　(4) 18　(5) 200

ジャンプ ⑩

(1) $201 \div 2013 - \dfrac{1}{7} \times \left(12 - \dfrac{1}{3}\right) \div \left(1\dfrac{1}{4} - \dfrac{1}{3}\right) \times 0.05 = \boxed{}$ （渋谷教育学園渋谷）

(2) $\left(2.75 + \dfrac{9}{10} \div 2\dfrac{2}{5}\right) \times 2.4 - 1.75 \div \left(\dfrac{4}{5} - 0.1\right) = \boxed{}$ （成蹊）

(3) $\left(\dfrac{2}{3} - \dfrac{1}{4}\right) \times \dfrac{4}{15} + \left(2 + 2\dfrac{1}{2}\right) \times \left(1.5 - \dfrac{2}{3} \div \dfrac{4}{5}\right) = \boxed{}$ （市川）

(4) つるとかめとカブトムシが合わせて35匹います。足の数の合計は146本で，かめはつるの2倍います。かめは $\boxed{}$ 匹います。 （西武学園文理）

(5) 図は，正方形と正三角形と円を組み合わせたものです。内側の円と外側の円の面積を最も簡単な整数の比で表すと $\boxed{}$ です。

（日本女子大学附属）

⑪

(1) $1 + 23 - 4 \div 5 \div 6 - 78 \div 90 = \boxed{}$ （捜真女学校）

(2) $(6.625 - 4.25) \div \left\{\left(4.25 - \dfrac{5}{6}\right) \times \dfrac{3}{26} - \dfrac{7}{52}\right\} - \dfrac{2}{9} = \boxed{}$ （本郷）

(3) $\left(219 - 18\dfrac{11}{34} \div \dfrac{1}{3}\right) - (0.99 \times 101 + 0.4 \times 0.025) = \boxed{}$ （桜蔭）

(4) 1本80円，100円，120円の3種類のボールペンを合わせて18本買い，代金1760円を支払いました。80円のボールペンの本数が100円のボールペンの本数の2倍であったとき，120円のボールペンは $\boxed{}$ 本です。 （明治大学付属明治）

(5) 図の斜線部分の円の面積が10cm²のとき，正三角形ＡＢＣの外にある円の面積は $\boxed{}$ cm²です。

（暁星）

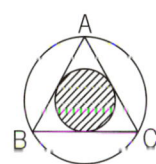

ジャンプ(p.19) ❿⓫解答

❿ (1) $\dfrac{6}{671}$ (2) 5 (3) $3\dfrac{1}{9}$ (4) 16 (5) 1:4

解説

(1) 3の倍数の判定法(各位の数字の和が3の倍数)から，
201÷2013＝$\dfrac{67}{671}$の約分に気づきたい。

(2)(3) 演算の回数の多い計算では，どの番号まで計算したかをはっきりさせる。

(4) 〈3種類以上のつるかめ算〉

かめとつるの平均の足の本数は(4×②＋2×①)÷(②＋①)＝$\dfrac{10}{3}$(本)。

この平均したものとカブトムシでつるかめ算をして，つるかめの合計を出す。

全部カブトムシとすると，足は6×35－146＝64本余る。

カブトムシの足をつるかめ平均の足数にすると，64÷$\left(6-\dfrac{10}{3}\right)$＝24匹がつるかめの合計。

かめは，24÷(②＋①)×②＝16(匹)。

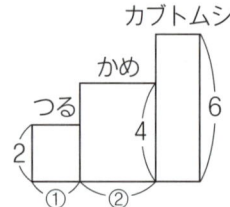 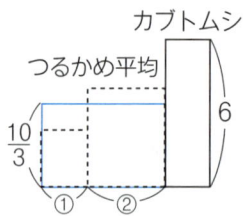 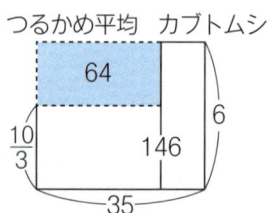

【別解】 倍数 と 規則性 の問題として解くこともできる。

  すべてカブトムシのとき，足の本数は6×35＝210本。

  つるかめが，最も少ない場合は合計2＋1＝3匹で，足数は4×2＋2×1＝10本。

  このときカブトムシは35－3＝32匹だから，足数の合計は10＋32×6＝202本と，

  210－202＝8本減る。

  かめ2，つる1の3匹セットは(210－146)÷8＝8組。

  よって，かめは2×8＝16(匹)。

(5) 大きい正三角形の一辺の長さは小さい正三角形の2倍の長さになるので，2:1の相似になる。
よって，中心から2つの正三角形の頂点を結ぶ線も2:1となり，それぞれの円の半径にあたる。
内側の円と外側の円の面積の比は，1×1:2×2＝1:4。

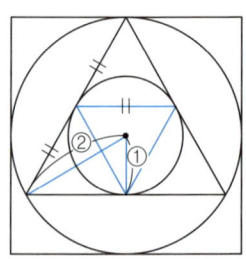

⓫ (1) 23 (2) $8\dfrac{25}{27}$ (3) $64\dfrac{1}{34}$ (4) 6 (5) 40

関連問題

ルールを意識して工夫しよう2

(1) $0.3 \times 0.3 \div (0.2 \times 0.2 - 0.1 \times 0.1) \times \left(\dfrac{3 \times 3}{5 \times 5} - \dfrac{2 \times 2}{4 \times 4}\right) \times (0.6 \times 0.6 + 0.5 \times 0.5) = \boxed{}$

（浦和明の星女子）

(2) $\left(1\dfrac{3}{2} + 0.1234\right) \times \dfrac{4}{3} + \left(4\dfrac{6}{5} + 0.8766\right) \div 0.75 = \boxed{}$

（晃華学園）

(3) $300 - \left\{60 \times \left(\dfrac{1}{2} + \dfrac{2}{3} + \dfrac{3}{4} + \dfrac{4}{5} + \dfrac{5}{6}\right) - 3 \div 0.2 - 4 \div \dfrac{1}{12}\right\} = \boxed{}$

（頌栄女子学院）

(4) 栄君と東君はいくつかご石をもっています。じゃんけんをして勝ったらご石が3個増え，負けたらご石が1個減り，あいこは2人とも2個ずつ増えるとします。30回じゃんけんをして，栄君は45個増え，東君は25個増えるとき，栄君は $\boxed{}$ 回勝ちました。

（栄東）

(5) 右の図は正方形と円を組み合わせたもので，いちばん小さい2つの円は同じ大きさです。色のついた部分の面積は，いちばん大きい円の面積の $\dfrac{7}{18}$ 倍です。円周率は3.14です。
① 色のついた部分の面積は $\boxed{}$ c㎡です。
② いちばん小さい円の半径は $\boxed{}$ cmです。

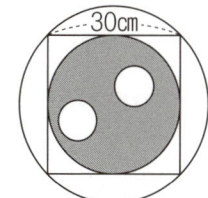

（雙葉）

探究しよう!

図形 ▶ 内側にくっつく円（内接円）と外側にくっつく円（外接円）の面積比は，図形によってどう変わるのか？

・1つの正三角形で，外接円と内接円の面積比は4：1になる

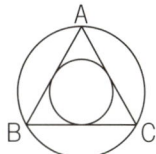  

【理由】
円の面積＝「半径×半径」×円周率で，半径が2：1だから，半径の2乗の比は4：1

・1つの正方形で，外接円と内接円の面積比は2：1になる

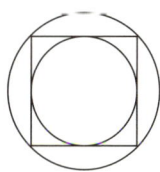  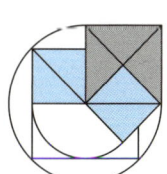

【理由】
円の面積＝「半径×半径」×円周率で，「半径×半径」にあたる正方形の面積が4：2＝2：1になるから

関連問題 (p.21) ⑫解答

⑫ (1) **0.2013**　(2) **11.6**　(3) **150**　(4) **15**　(5) ①**549.5** ②**5**

解説

(1) $0.1 \times 0.1 = 0.01$ から

$0.3 \times 0.3 \div (0.2 \times 0.2 - 0.1 \times 0.1) = 0.09 \div (0.04 - 0.01) = 0.09 \div 0.03 = 3$

$\dfrac{3 \times 3}{5 \times 5} - \dfrac{2 \times 2}{4 \times 4} = \dfrac{3}{5} \times \dfrac{3}{5} - \dfrac{1}{2} \times \dfrac{1}{2} = 0.6 \times 0.6 - 0.5 \times 0.5 = 0.36 - 0.25 = 0.11$

$0.6 \times 0.6 + 0.5 \times 0.5 = 0.36 + 0.25 = 0.61$

したがって，もとの式 $= 3 \times 0.11 \times 0.61 = 0.33 \times 0.61 = 0.2013$

(2) $(2.5 + 0.1234) \times \dfrac{4}{3} + (5.2 + 0.8766) \times \dfrac{4}{3} = (2.5 + 0.1234 + 5.2 + 0.8766) \times \dfrac{4}{3}$

$= 8.7 \times \dfrac{4}{3} = \dfrac{87}{10} \times \dfrac{4}{3} = \dfrac{29 \times 4}{10} = 11.6$

(3) $\dfrac{1}{2} + \dfrac{2}{3} + \dfrac{3}{4} + \dfrac{4}{5} + \dfrac{5}{6} = \dfrac{30}{60} + \dfrac{40}{60} + \dfrac{45}{60} + \dfrac{48}{60} + \dfrac{50}{60} = \dfrac{213}{60}$

$300 - \left\{60 \times \dfrac{213}{60} - 3 \div 0.2 - 4 \div \dfrac{1}{12}\right\} = 300 - \{213 - 15 - 48\} = 300 - 150 = 150$

(4) つるかめ算を2回使う。

2人のご石の合計は，勝負がつけば $3 - 1 = 2$（個）増えるが，あいこだと $2 + 2 = 4$（個）増える。ご石の合計は，30回とも勝負がつけば $2 \times 30 = 60$（個）増えるはずだが，実際は $45 + 25 = 70$（個）増えている。だから，あいこが $(70 - 60) \div (4 - 2) = 5$ 回あったことになる。

2人ともあいこで $5 \times 2 = 10$（個）増えているので，勝負がついて増えた個数は，栄君は $45 - 10 = 35$ 個。

勝負がついた回数は $30 - 5 = 25$（回）。

もう1回，つるかめ算を使う。

栄君が25回すべて勝っていたら $25 \times 3 = 75$ 個増えるはずだが，35個しか増えなかったので，負けは $(75 - 35) \div (3 + 1) = 10$（回）。

栄君の勝ちは $25 - 10 = 15$（回）。

(5) 大円の面積を18とすると，「1つの正方形で，外接円と内接円の面積比は2：1になる」ことから，中円の面積は $18 \times \dfrac{1}{2} = 9$ で，色の部分の面積は $18 \times \dfrac{7}{18} = 7$。

だから，小円1個の面積は，$(9 - 7) \div 2 = 1$ となる。

$9 : 1$ ……中円と小円の相似比

したがって，$9 = 3 \times 3$，$1 = 1 \times 1$ だから，

$3 : 1$ ……中円と小円の半径比

① $30 \div 2 = 15$（cm）……中円の半径

$15 \times 15 \times 3.14 \times \dfrac{7}{9} = 549.5$（cm²）

② $15 \times \dfrac{1}{3} = 5$（cm）

I ルールを意識して工夫しよう……3

3…小数・分数の逆算／年令算／三角定規

基本チェック

計算 ▶ 逆算をする前に，手順を意識する
☐ ①できる所は計算して式を単純化 → ②計算順に番号をふる → ③後ろから順に逆算

文章題 ▶ 年令は同じ数ずつ増えるので，差一定に着目
☐ Aが12才のときBが2才。年令差10才は変わらない。

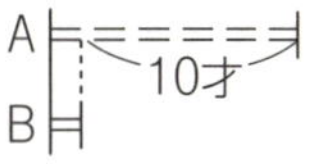

図形 ▶ 三角定規を見つけて，辺の長さの2：1の法則を利用する

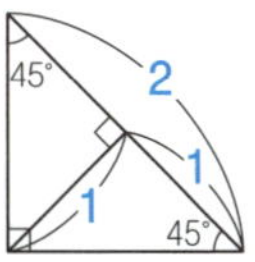

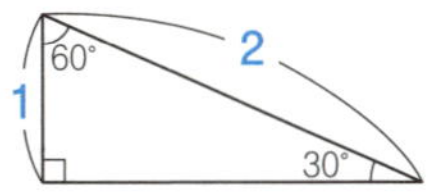

ホップ ⑬ 1回目 月 日 2回目 月 日

☐☐(1) $\left(\dfrac{2}{3} - \boxed{}\right) \times 2\dfrac{2}{5} = \dfrac{2}{3}$ （青山学院）

☐☐(2) $\left(4 \times 1\dfrac{1}{5} - 2 \div 3\dfrac{1}{3}\right) \times \boxed{} + \dfrac{2}{5} = 2\dfrac{1}{2}$ （大宮開成）

☐☐(3) $\dfrac{7}{16} \div \left(\boxed{} - \dfrac{7}{12}\right) \div 5.25 = \dfrac{1}{3}$ （昭和学院秀英）

☐☐(4) 現在，父は41才，子は5才です。父の年令が子の年令のちょうど3倍になるのは，☐年後です。 （大妻多摩）

☐☐(5) 右の図は，Oを中心とする半径6cmの円です。角アの大きさが30°で，三角形OCDが正三角形であるとき，次の各問いに答えなさい。ただし，円周率は3.14とします。
① 角イの大きさは☐°です。
② 三角形AOCの面積は☐cm²です。
③ 斜線部分の面積は☐cm²です。

（東京純心女子）

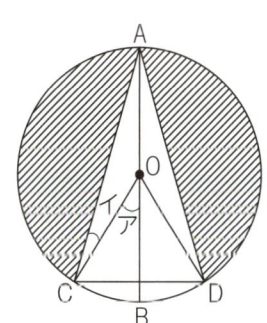

視点チェック

計算 ▶ 逆算のミスを減らしたいときは工夫をする
- ☑ 書き写しでまちがえる人は，もとの式の下に答えをそのつどメモするだけにする
- ☑ 何と何でどんな逆算をするかで混乱する人は，番号の逆順にそのつど逆算する
- ☑ 計算と逆算がごっちゃになる人は，まとめて逆算する1つの式をつくる
- ☑ どこまでやったか忘れがちな人は，一度は単純化された式をかく

文章題 ▶ 年令の問題では，年令の差や年令の和に着目しよう
- ☑ 年令の比が変化する問題では，年令の差をそろえる
- ☑ 年令の合計の問題では，線分図や式を使って情報を整理してから，年令の合計の式をつくる

図形 ▶ 円・おうぎ形の面積の問題では，特別な点，特別な角度に着目する
- ☑ 円とは中心からの距離が一定の図形だから，円・おうぎ形を見たら中心をかく
- ☑ 円・おうぎ形では，中心と周上の2点を結ぶと，二等辺三角形ができる
- ☑ 円・おうぎ形では，中心と周と接する点（接点）を結ぶと，接点に直角ができる

【中心と円の交わる点を結ぶ】
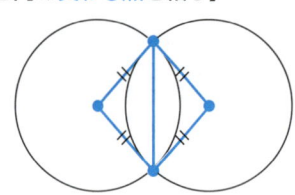

【中心と円が接する点を結ぶ】
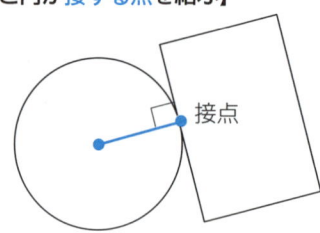

- ☑ 図形の問題でも，角度，長さ，面積などの和・差に注目する場合があり，和差算が使えることがある
- ☑ 2つの円がくっつくときは，中心間の距離は半径の和や差で表すことができる

【和になる例】
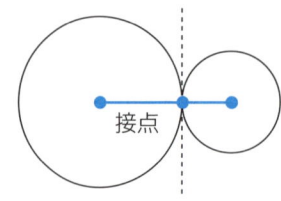

【差になる例】
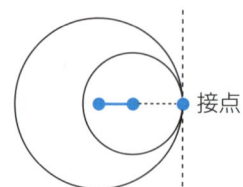

ホップ (p.23) ⑬ 解答

⑬ (1) $\dfrac{7}{18}$ (2) $\dfrac{1}{2}$ (3) $\dfrac{5}{6}$ (4) 13   (5) ①15   ②9   ③76.2

ステップ 14　1回目　月　日　2回目　月　日

□□(1) $8-4\div\left(2\frac{1}{3}-\boxed{}\div2\right)=2\frac{2}{3}$ （開智）

□□(2) $3\frac{2}{3}-\left(2\frac{5}{6}-3\times\frac{5}{\boxed{}}\right)\times2=1.75$ （春日部共栄）

□□(3) $6\frac{4}{5}-\frac{1}{6}\div\left(\boxed{}-\frac{1}{3}\right)\times1\frac{1}{5}=2$ （神奈川大学附属）

□□(4) 現在，母の年令は娘の年令の5倍で，7年後には3倍になり，さらに□年後には2倍になります。 （浦和実業学園）

□□(5) 半径が3cmの円の周上に点Aがあります。点Aを中心として，この円を30°回転させてできる円が図のようにあります。斜線（しゃせん）部分の面積は□cm²です。円周率の値を用いるときは，3.14として計算しなさい。 （麻布）

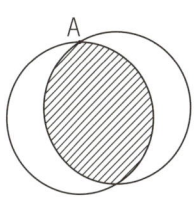

15　1回目　月　日　2回目　月　日

□□(1) $\left(9.4-2.4\div\boxed{}\right)\times1\frac{17}{28}+1.05=3\frac{3}{10}$ （関東学院）

□□(2) $2.3\div\left(\frac{11}{\boxed{}}+1.2\right)-0.5=\frac{3}{17}$ （慶應義塾湘南藤沢）

□□(3) $\left(4\frac{1}{5}-1.6\div2\times\boxed{}\right)\div\frac{2}{5}=9\frac{7}{10}$ （慶應義塾中等部）

□□(4) 現在，太郎君と花子さんの年令の比は4：5です。6年後，2人の年令の比は6：7になります。現在，太郎君は□才です。 （森村学園）

□□(5) 右の図は正方形を2種類の二等辺三角形A，Bと1つの正三角形Cで区切ったものです。

① アの角度は□°，イの角度は□°です。

② 正方形の1辺の長さを12cmとするとき，二等辺三角形Aの面積は□cm²です。

（成城学園）

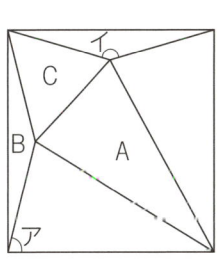

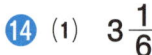 ステップ (p.25) ⑭⑮解答

⑭ (1) $3\frac{1}{6}$ (2) 8   (3) $\frac{3}{8}$ (4) 14   (5) 19.05

解説

(1) 1つずつ逆算するのもいいが，まとめて逆算するとよい。

$8 - 4 \div \left(2\frac{1}{3} - \boxed{} \div 2\right) = 2\frac{2}{3} \Rightarrow 8 - 4 \div (\ ) = 2\frac{2}{3}$ とすると，

$(\ ) = 4 \div \left(8 - 2\frac{2}{3}\right) = 4 \div 5\frac{1}{3} = 4 \times \frac{3}{16} = \frac{3}{4}$

すると，式の単純化ができて，$2\frac{1}{3} - \boxed{} \div 2 = \frac{3}{4}$ となる。

まとめて逆算すると，

$\boxed{} = \left(2\frac{1}{3} - \frac{3}{4}\right) \times 2 = \left(2\frac{4}{12} - \frac{9}{12}\right) \times 2 = \frac{19}{12} \times 2 = \frac{19}{6} = 3\frac{1}{6}$

(2) $3\frac{2}{3} - \left(2\frac{5}{6} - 3 \times \frac{5}{\boxed{}}\right) \times 2 = 1.75 \Rightarrow 3\frac{2}{3} - (\ ) \times 2 = 1\frac{3}{4}$ とすると，

$(\ ) = \left(3\frac{2}{3} - 1\frac{3}{4}\right) \div 2 = \left(3\frac{8}{12} - 1\frac{9}{12}\right) \div 2 = \frac{23}{12} \div 2 = \frac{23}{24}$

すると，式の単純化ができて，$2\frac{5}{6} - 3 \times \frac{5}{\boxed{}} = \frac{23}{24}$ となる。

$\frac{5}{\boxed{}} = \left(2\frac{5}{6} - \frac{23}{24}\right) \div 3 = \left(1\frac{44}{24} - \frac{23}{24}\right) \div 3 = \frac{45}{24} \div 3 = \frac{15}{8} \div 3 = \frac{5}{8}$

$\frac{5}{\boxed{}} = \frac{5}{8}$ から $\boxed{} = 8$

(4) 年令比が(1：5)→(1：3)→(1：2)と変わっていくと，

比の差も，(5−1 = 4)→(3−1 = 2)→(2−1 = 1)と変化しているように見えるが，

本当は一定。

そこで比の差が4，2，1の最小公倍数の4にそろうように，比をおきかえる。

年令比は(1：5)，(2：6)，(4：8)となる。

2−1 = 1が7年にあたるので，4−2 = 2は14年にあたる。

(5) 右の図のように，それぞれの円の直径を引き，頂点を決めると，

四角形ＡＢＣＤはひし形になる。

求める面積は，

点Ｂを中心とした半径3cm，中心角180−30 = 150(度)のおうぎ形と，

点Ｄを中心とした半径3cm，中心角150度のおうぎ形の面積の合計から四角形ＡＢＣＤの面積を引いた差になる。

3÷2 = 1.5(cm) ……四角形ＡＢＣＤの，ＡＢを底辺としたときの高さ

$3 \times 3 \times 3.14 \times \frac{150}{360} \times 2 - 3 \times 1.5 = 19.05$ (cm²)

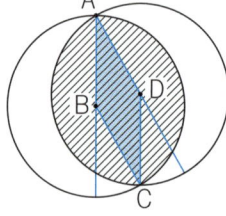

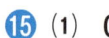(1) 0.3   (2) 5   (3) $\frac{2}{5}$ (4) 12   (5) ①ア75 イ150 ②36

ジャンプ 16　1回目　月　日　2回目　月　日

□□ (1) $\left\{\left(\frac{4}{5}+\square\times\frac{6}{7}\right)\div\frac{2}{5}-\frac{5}{7}\right\}\div\frac{8}{3}\times\frac{1}{3}=\frac{3}{7}$ （成城学園）

□□ (2) $1\div\left\{1-\left(\frac{2}{3}-\frac{1}{4}\right)\div\square\times0.5\right\}-\frac{3}{5}\div0.7=\frac{2}{7}$ （明治大学付属明治）

□□ (3) $0.5+\frac{1}{14}+\left\{\left(\square-\frac{1}{8}\right)\times2\frac{2}{3}-\frac{1}{3}\right\}\div1\frac{1}{6}=1\frac{1}{7}$ （芝）

□□ (4) 父と母と子どもの年令の和は117才です。父は母より3才年上で，12年前は母の年令が子どもの年令の6倍でした。今，父は□才です。 （中央大学附属横浜）

□□ (5) 右の図において，点X，Yはそれぞれ円C，Dの中心とします。円Dの半径が4cmで，角Xの大きさが60°のとき，円Cの面積は□cm²です。ただし，円Cの半径は4cmより大きいものとし，円周率は3.14とします。 （開成）

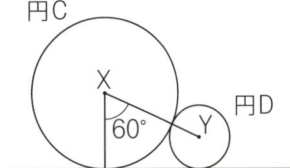

17　1回目　月　日　2回目　月　日

□□ (1) $3\frac{1}{3}+0.875\times\frac{4}{21}-(\square-1.2)\div1\frac{1}{15}=\frac{1}{8}$ （明治大学付属中野）

□□ (2) $0.34\times1.25-(0.171\div0.45-\square\times1.46)=0.41$ （ラ・サール）

□□ (3) $\left(3\frac{7}{15}+\square\times2.2\right)\times\left(1\frac{23}{35}-1.2\right)+\frac{1}{7}=4\frac{1}{3}$ （桜蔭）

□□ (4) 父，母，長男，次男，三男の5人家族がいます。父は母より3才年上で，3人の子どもの年令にはそれぞれ2才ずつ差があります。現在，父の年令は三男の年令の5倍です。さらに12年前はまだ次男と三男は生まれていなかったため，父と母と長男の3人家族で，年令の和は64才でした。現在の母は□才です。 （本郷）

□□ (5) 右の図のように2つの円が台形に接しています。長さの単位をcmとすると，斜線（しゃせん）部分の面積は□cm²です。

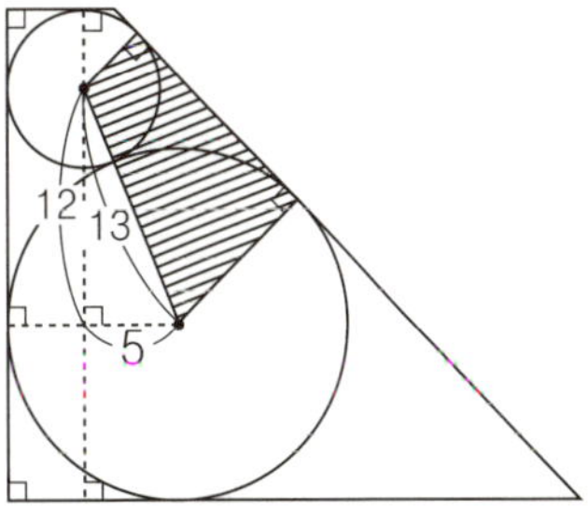

（明治大学付属中野八王子）

ジャンプ (p.27) ⓰⓱解答

⓰ (1) 1　　(2) $1\dfrac{2}{3}$　　(3) $\dfrac{1}{2}$　　(4) 51　　(5) 452.16

解説

(1) $\left\{\left(\dfrac{4}{5}+\boxed{}\right)\times\dfrac{6}{7}\right\}\div\dfrac{2}{5}-\dfrac{5}{7}\right\}\div\dfrac{8}{3}\times\dfrac{1}{3}=\dfrac{3}{7}$ ⇒ $\{\ \}=\dfrac{3}{7}\div\dfrac{1}{3}\times\dfrac{8}{3}=\dfrac{3\times3\times8}{7\times1\times3}=\dfrac{24}{7}$

こうして，次のように式の単純化ができる。

$\left(\dfrac{4}{5}+\boxed{}\right)\times\dfrac{6}{7}\div\dfrac{2}{5}-\dfrac{5}{7}=\dfrac{24}{7}$

$\boxed{}=\left[\left(\dfrac{24}{7}+\dfrac{5}{7}\right)\times\dfrac{2}{5}-\dfrac{4}{5}\right]\div\dfrac{6}{7}$

$=\left[\dfrac{29}{7}\times\dfrac{2}{5}-\dfrac{4\times7}{5\times7}\right]\div\dfrac{6}{7}=\dfrac{30}{35}\div\dfrac{6}{7}=\dfrac{6}{7}\div\dfrac{6}{7}=1$

(2) $1\div\left\{1-\left(\dfrac{2}{3}-\dfrac{1}{4}\right)\div\boxed{}\times0.5\right\}-\dfrac{3}{5}\div0.7=\dfrac{2}{7}$

⇒ $1\div\{\ \}=\dfrac{2}{7}+\dfrac{3}{5}\div\dfrac{7}{10}=\dfrac{2}{7}+\dfrac{3}{5}\times\dfrac{10}{7}=\dfrac{8}{7}$ ⇒ $\{\ \}=1\div\dfrac{8}{7}=\dfrac{7}{8}$

こうして，次のように式の単純化ができる。

$1-\left(\dfrac{2}{3}-\dfrac{1}{4}\right)\div\boxed{}\times0.5=\dfrac{7}{8}$

さらに，$\left(\dfrac{2}{3}-\dfrac{1}{4}\right)\div\boxed{}\times0.5=\left(\dfrac{8}{12}-\dfrac{3}{12}\right)\times\dfrac{1}{\boxed{}}\times\dfrac{1}{2}=\dfrac{1}{\boxed{}}\times\dfrac{5}{24}$ で，$1-\dfrac{7}{8}=\dfrac{1}{8}$ だから，

$\dfrac{1}{\boxed{}}\times\dfrac{5}{24}=\dfrac{1}{8}$　$\dfrac{1}{\boxed{}}=\dfrac{1}{8}\div\dfrac{5}{24}=\dfrac{1}{8}\times\dfrac{24}{5}=\dfrac{3}{5}$

$\boxed{}$ は $\dfrac{3}{5}$ の逆数で，$\dfrac{5}{3}=1\dfrac{2}{3}$

(4) 12年前の子の年令を①とすると，12年前の母の年令は⑥。

そのとき，父は⑥+3なので，今の父，母，子の合計は⑥+3+⑥+①+12×3=117。

だから，⑬+39=117。

したがって，①=(117-39)÷13=6　となるので，

6×6+3+12=36+15=51(才)

(5) 円Cの半径と円Dの半径の差を①とすれば，円Cの半径は①+4と表すことができる。

XYを斜辺とする直角三角形をかくと，角Xが60度なので，

斜辺：一番短い辺=2：1という知識を使うことができて，XY=①×2=②となる。

一方で，XYは円Cと円Dの半径の和でもあるので，

XY=①+4+4=①+8となる。

これより，②=①+8となるので，①=8。

だから，円Cの半径は8+4=12(cm)。

円Cの面積は

12×12×3.14=452.16(cm²)と求められる。

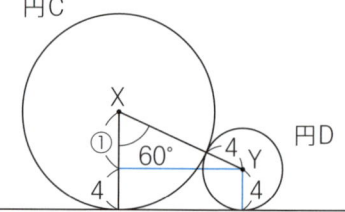

⓱ (1) 4.8　　(2) 0.25　　(3) $2\dfrac{13}{22}$　　(4) 42　　(5) 78

関連問題

18 1回目　月　日　2回目　月　日

(1) $\dfrac{\square}{2013} - \dfrac{1}{33} = \left(\dfrac{2}{61} + \dfrac{3}{11}\right) \times \dfrac{1}{41}$ （海城）

(2) $\left(\dfrac{1}{11} - \dfrac{1}{183}\right) \div 43 = \left(\dfrac{1}{\square} - \dfrac{1}{671}\right) \div 167$ （灘）

(3) $\left\{1\dfrac{3}{5} + 6.375 \div (1.8 - \square) \times \dfrac{4}{17}\right\} \div 2\dfrac{1}{2} = 1\dfrac{9}{25}$ （横浜共立学園）

(4) A子さんの家はお父さんとお母さん，A子さんと妹の4人家族です。それぞれの年令はお父さんが44才，お母さんが40才，A子さんが12才，妹が8才です。お父さんとお母さんの年令の合計が，A子さんと妹の年令の合計の3倍になるのは，今から□年後です。 （田園調布学園）

(5) 右の図のように，半径が18cmの半円を，まっすぐな線で2つの部分に分けました。色のついた部分の面積は□cm²です。ただし，円周率は3.14とします。 （慶應義塾中等部）

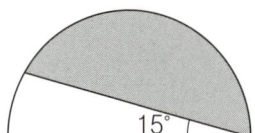

探究しよう！

図形 ▶ 30°，60°，90°の三角定規の「2：1の法則」が使える角度は，ほかにないか？

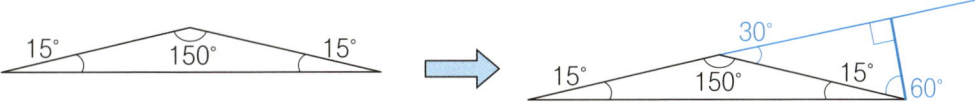

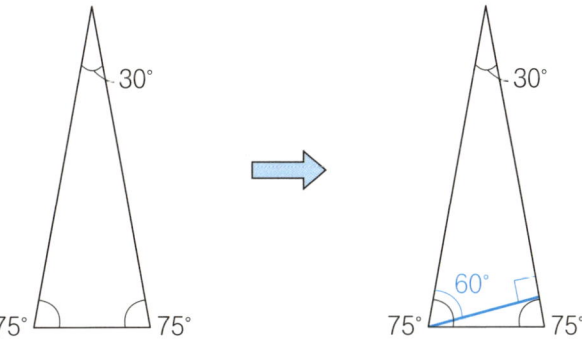

関連問題 (p.29) ⑱解答

⑱ (1) 76　　(2) 3　　(3) $\dfrac{29}{30}$　　(4) 6　　(5) 342.9

解説

(1) $\left(\dfrac{2}{61}+\dfrac{3}{11}\right)\times\dfrac{1}{41}=\dfrac{2\times11+3\times61}{61\times11}\times\dfrac{1}{41}=\dfrac{205}{61\times11\times41}=\dfrac{5}{61\times11}$ （通分のために分母はそのまま）

$\dfrac{\square}{2013}=\dfrac{5}{61\times11}+\dfrac{1}{33}=\dfrac{5\times3}{61\times11\times3}+\dfrac{1\times61}{33\times61}=\dfrac{76}{61\times11\times3}$

$61\times11\times3=2013$だから，$\square=76$

(2) $\left(\dfrac{1}{11}-\dfrac{1}{183}\right)\div43=\dfrac{183-11}{11\times183}\times\dfrac{1}{43}=\dfrac{172}{11\times183\times43}=\dfrac{4}{11\times183}$ （通分のために分母はそのまま）

$\left(\dfrac{1}{\square}-\dfrac{1}{671}\right)=\dfrac{4}{11\times183}\times167=\dfrac{668}{11\times183}$

$\dfrac{1}{\square}=\dfrac{668}{11\times3\times61}+\dfrac{1}{671}=\dfrac{668+3}{2013}=\dfrac{671}{2013}=\dfrac{1}{3}$　　$\square=3$

(3) $\{\ \}=\dfrac{34}{25}\times\dfrac{5}{2}=\dfrac{17}{5}$　こうして式の単純化をすると

$6\dfrac{3}{8}\div(1.8-\square)\times\dfrac{4}{17}=\dfrac{17}{5}-\dfrac{8}{5}=\dfrac{9}{5}$　となるので，この逆算式をつくる。

$\square=1.8-6\dfrac{3}{8}\div\left(\dfrac{9}{5}\div\dfrac{4}{17}\right)=\dfrac{9}{5}-\dfrac{51}{8}\div\dfrac{9\times17}{5\times4}=\dfrac{9}{5}-\dfrac{51}{8}\times\dfrac{5\times4}{9\times17}=\dfrac{9}{5}-\dfrac{5}{6}=\dfrac{9\times6-5\times5}{5\times6}$

$=\dfrac{29}{30}$

(4) $\square$年後に増える年令を①とする。

$44+①+40+①=84+②$　……　父母の$\square$年後の年令の和

$12+①+8+①=20+②$　……　A子と妹の$\square$年後の年令の和

$84-20=64$　……　年令の和どうしの差は64才で，一定

$64\div(3-1)\times1=32$　……　A子と妹の$\square$年後の年令の和

$\square=(32-20)\div2=6$（年後）

(5) 円があれば，中心をかき込み，円周上の点と結ぶ半径をかき込む。

その半径によって，半円は2つのおうぎ形に分けられる。

さらに，中心角の大きいほうのおうぎ形の中の三角形は2辺が半円の半径と同じだから，二等辺三角形である。

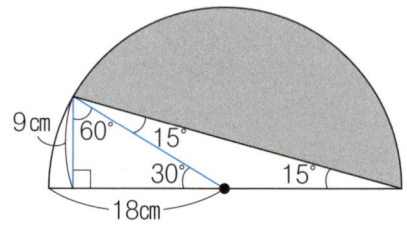

したがって，小さいおうぎ形の中心角は$15+15=30$（度）となる。

色のついた部分の面積は，大きいおうぎ形の面積から，この二等辺三角形の面積を引けば求められる。

正三角形の半分の形の三角定規の辺の比から，二等辺三角形の底辺は18cmで，高さは$18\div2=9$（cm）となる。

$18\times18\times3.14\times\dfrac{180-30}{360}-18\times9\div2=342.9$（cm²）

視点 II 等しい部分に着目しよう……1

4 …分配法則の利用／分配算と相当算／回転移動

基本チェック

計算 ▶ 分配法則の使い方は2つ。等しい部分に着目しよう

- ☐ かっこをつける（等しい部分をまとめる）　【例】$1×23+99×23=(1+99)×23=100×23$
- ☐ かっこをはずす（かっこの中を分ける）　【例】$5×(3+①)=5×3+5×①=15+⑤$

文章題 ▶ 分配する問題では基準を1つに決める

- ☐ 基準としたものを，仮に□や①などとおいて式をたてる

図形 ▶ 等しい理由が，「定義」なのか「情報」なのかをはっきりさせる

- ☐ 「定義」から等しくなるもの　【例】1つの正方形の辺の長さ
- ☐ 「情報」から推論できること　【例】ア＝イならば，ア＋ウ＝イ＋ウ

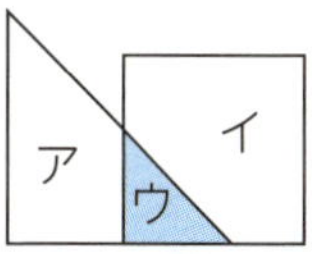

ホップ ⑲　1回目　月　日　2回目　月　日

☐☐ (1)　$40×50+50×60-48×50-50×52=$ ☐　　　　　　　　　（東京農業大学第一）

☐☐ (2)　$26×96-19×96+13×96=$ ☐　　　　　　　　　（横浜英和女学院）

☐☐ (3)　$2.5×4.8-1.3×4.8-4×1.2×1.2=$ ☐　　　　　　　　　（東海大学付属相模）

☐☐ (4)　A，B，Cの3人の所持金は，AとBの比が2：1，AとCの比が3：2です。Cの所持金が1200円のとき，Bの所持金は☐円です。　　　　　　　　　（桜美林）

☐☐ (5)　右の図は，おうぎ形と直角三角形を重ねたものです。2つの斜線部分の面積が等しいとき，a の長さは☐cmです。円周率は3.14としなさい。　　　　　　　　　（共立女子）

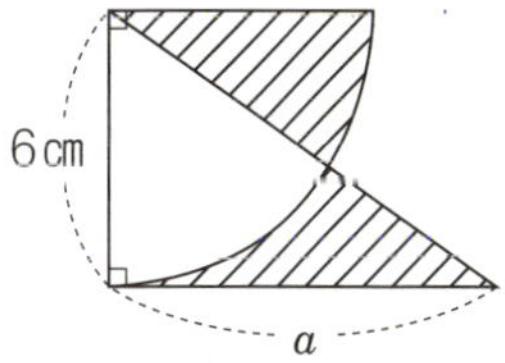

視点チェック

計算 ▶ 等しい部分をつくるなどして，分配法則が使える形にする

☐ かける数がないときは1倍を利用する

【例】99×123＋123＝99×123＋1×123＝(99＋1)×123＝12300

【例】3×□＋□＝3

　　　3×□＋1×□＝(3＋1)×□＝4×□＝3　　　□＝3÷4＝0.75

☐ わり算を分数のかけ算に直すと，分配法則が使えるかどうかがわかる

【使える例】 $11÷7＋17÷7＝11×\frac{1}{7}＋17×\frac{1}{7}＝(11＋17)×\frac{1}{7}＝(11＋17)÷7＝4$

【まちがい例】 7÷11＋7÷17＝7÷(11＋17)

【正しい例】 $7÷11＋7÷17＝7×\frac{1}{11}＋7×\frac{1}{17}＝7×\left(\frac{1}{11}＋\frac{1}{17}\right)$

☐ 小数の小数点移動をして式を加工すると，分配法則が使えることがある

【例】75×3.1＋250×0.31＝75×3.1＋25×3.1＝(75＋25)×3.1＝100×3.1

☐ 整数の約数・倍数を意識して式を加工すると，分配法則が使えることがある

【例】12×35＋64×70＝6×70＋64×70＝(6＋64)×70＝70×70＝4900

文章題 ▶ 式に数をかけるときは，かっこをはずす分配法則を使う

【例】BがAの3倍より5個多く，CがBの3倍より5個少ない。

　Aを①とすると，B＝③＋5

　C＝B×3－5＝(③＋5)×3－5＝③×3＋5×3－5＝⑨＋15－5＝⑨＋10
　　　　　　　Bに③＋5を代入する

図形 ▶ 図形の移動は合同を利用する

☐ 平行移動，回転移動をしても図形は合同（長さ，角度が変わらない）

☐ 平行移動によって，図形のどの部分も同じ長さだけ移動する

☐ 回転移動によって，回転の中心以外は同じ角度だけ回転する

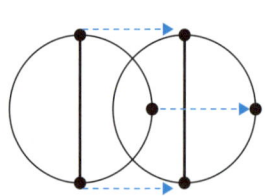
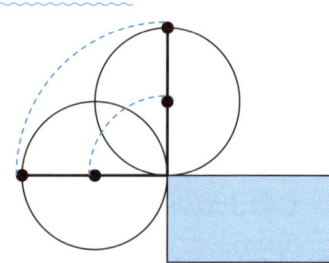

ホップ（p.31）⑲解答

⑲　(1) 0　　(2) 1920　　(3) 0　　(4) 900　　(5) 9.42

等しい部分に着目しよう1

ステップ 20 1回目 月 日 2回目 月 日

(1) 17×0.4＋1.7×21－0.17×50＝□　　（自修館）

(2) 63×2.45＋1.9×24.5－620×0.245＝□　　（神奈川大学附属）

(3) 251×151－50×151－151＝□　　（多摩大学附属聖ヶ丘）

(4) 154個のみかんをAさん，Bさん，Cさんの3人で分けました。Bさんの個数はAさんの1.5倍より7個多く，Cさんの個数はBさんの2倍より10個少なくなりました。Bさんに分けられたみかんは□個です。　　（大妻）

(5) 右の図で，色のついた部分の面積は□cm²です。ただし，点A，Bは円の中心とします。　　（横浜富士見丘学園）

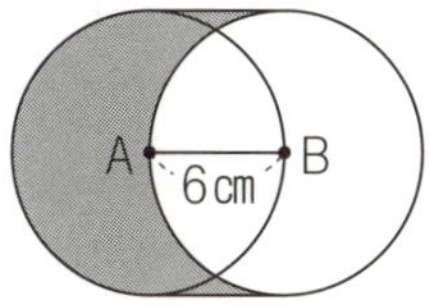

ステップ 21 1回目 月 日 2回目 月 日

(1) 27.1×0.9＋6×2.71－0.271×140＝□　　（高輪）

(2) 350×1.9＋11×35－260×3.5＝□　　（明治大学付属中野八王子）

(3) 0.25×8＋2.5×4.2－25×0.3＝□　　（富士見）

(4) 3つの箱A，B，Cにそれぞれクリップが入っています。Bに入っている個数はCに入っている個数の2倍より2個多く，Aに入っている個数はBに入っている個数より7個少なくなっています。また，AとCに入っている個数の和は43個です。Bの箱には□個のクリップが入っています。　　（東洋英和女学院）

(5) 右の図は，直径6cmの半円を，点Aを中心に60°回転させたものです。このとき，斜線部分の面積は□cm²です。ただし，円周率は3.14とします。　　（桐蔭学園）

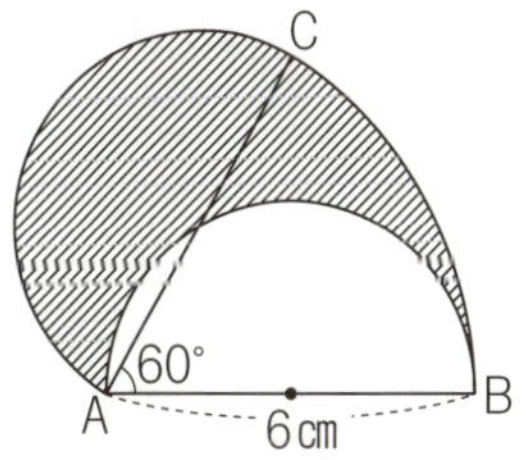

ステップ (p.33) ⑳㉑ 解答

⑳ ⑴ **34**　　⑵ **49**　　⑶ **30200**　　⑷ **46**　　⑸ **72**

解説

⑴ たとえば，小数点を17にそろえると，分配法則を使うことができる。
$17 \times 0.4 + 1.7 \times 21 - 0.17 \times 50 = 17 \times 0.4 + 17 \times 0.1 \times 21 - 17 \times 0.01 \times 50$
$= 17 \times 0.4 + 17 \times 2.1 - 17 \times 0.5 = 17 \times (0.4 + 2.1 - 0.5) = 17 \times 2 = 34$

⑵ たとえば，小数点を0.245にそろえると，分配法則を使うことができる。
$63 \times 2.45 + 1.9 \times 24.5 - 620 \times 0.245 = 63 \times 10 \times 0.245 + 1.9 \times 100 \times 0.245 - 620 \times 0.245$
$= 630 \times 0.245 + 190 \times 0.245 - 620 \times 0.245$
$= (630 + 190 - 620) \times 0.245$
$= (190 + 630 - 620) \times 0.245 = 200 \times 0.245 = 49$

⑶ 「どんな数も1倍と等しい」という事実を使うと，式全体に分配法則を使うことができる。
$251 \times 151 - 50 \times 151 - 151 = 251 \times 151 - 50 \times 151 - 1 \times 151$
$= (251 - 50 - 1) \times 151 = 200 \times 151 = 30200$

⑷ Aさんの個数を①とすると，Bさんの個数はA×1.5 + 7 = ①.5 + 7となる。
分配法則を使ってかっこをはずすと，
Cさんの個数は，B×2 − 10 = (①.5 + 7) × 2 − 10 = ①.5 × 2 + 7 × 2 − 10 = ③ + 4となる。
したがって，3人の合計は，① + ①.5 + 7 + ③ + 4 = ⑤.5 + 11 = 154(個)となる。
Aさんの個数が，① = (154 − 11) ÷ 5.5 = 26だから，
Bさんの個数は，26 × 1.5 + 7 = 46(個)となる。

⑸ まず，言葉の式をつくる。
色のついた部分 = 全体 − 白い部分
　全　体　 = 左半円 + 長方形 + 右半円
これを図形の式にする。

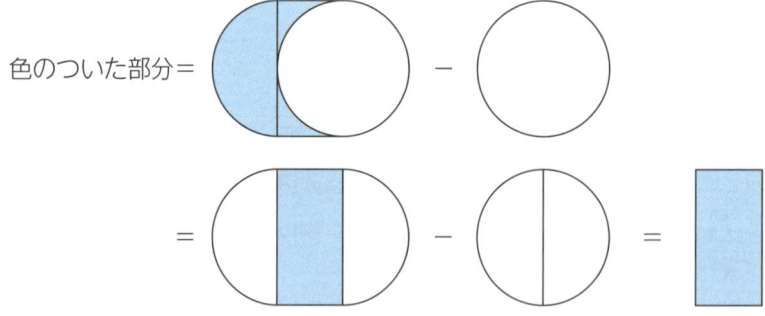

したがって，色のついた部分は長方形に等しい。
$(6 \times 2) \times 6 = 72 (\text{cm}^2)$

㉑ ⑴ **2.71**　　⑵ **140**　　⑶ **5**　　⑷ **34**　　⑸ **18.84**

等しい部分に着目しよう1

ジャンプ 22

(1) 3×2.56＋8×1.28＋25.6÷10＝□ （青山学院）

(2) 3.14×63＋27×1.57−12.56×18＝□ （中央大学附属横浜）

(3) $1.875÷2.7+1\frac{13}{40}÷2.7-0.14÷0.27=$ □ （日本女子大学附属）

(4) Aさんが読んだ本のページ数は，1日目が全体の$\frac{1}{5}$より6ページ多く，2日目が残りの$\frac{1}{6}$より4ページ少なかったです。また，2日目に読んだページ数は1日目の半分でした。この本は全部で□ページあります。 （成城学園）

(5) 右の図形AOBは，半径が10cmで，中心角が90°のおうぎ形です。おうぎ形AOBを点Aを中心に左に45°回転させたおうぎ形をAO'B'とし，AからBまでの曲線が通過した部分に色をつけました。色のついた部分の面積は□cm²です。ただし，円周率は3.14とします。 （慶應義塾中等部）

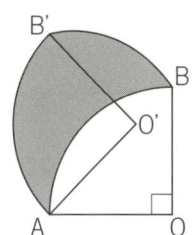

23

(1) 0.42×32＋0.84×20＋0.7×28×0.6＝□ （青稜）

(2) 5.35×201.3＋48×20.13＋185×2.013−402.6＝□ （中央大学附属）

(3) 24×12.5＋40×1.25＋48×37.5＝□ （ラ・サール）

(4) A君はおこづかいを持って買い物に出かけました。最初に持っていたおこづかいの$\frac{1}{4}$を使って洋服を買い，800円のお昼ご飯を食べて，残っていたお金の$\frac{3}{7}$を使って本を買ったところ，最初に持っていたおこづかいの$\frac{1}{3}$が残りました。最初に持っていたおこづかいは□円です。 （早稲田実業学校）

(5) 右の図の三角形ABCはAC＝BC＝6cmの直角二等辺三角形です。円周率は3.14として計算しなさい。
① 辺ABの長さを1辺とする正方形をつくったとき，その正方形の面積は□cm²です。
② 三角形ABCを点Aを中心に30°，時計と反対回りに回転させました。斜線部分の面積は□cm²です。 （茗溪学園）

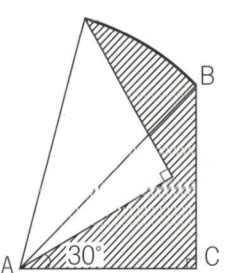

ジャンプ(p.35) ㉒㉓解答

㉒ (1) 20.48　(2) 14.13　(3) $\frac{2}{3}$　(4) 240　(5) 78.5

解説

(1) 2.56, 25.6が1.28の何倍かを考えて, 等しい部分をつくる。

$3 \times 2.56 + 8 \times 1.28 + 25.6 \div 10 = 3 \times 2 \times 1.28 + 8 \times 1.28 + 1.28 \times 2 \times 10 \div 10$
$= 6 \times 1.28 + 8 \times 1.28 + 2 \times 1.28 = (6 + 8 + 2) \times 1.28 = 16 \times 1.28 = 20.48$

(2) 12.56は3.14の4倍で, 3.14は1.57の2倍であることに気づく。

$3.14 \times 63 + 27 \times 1.57 - 12.56 \times 18 = 1.57 \times 2 \times 63 + 1.57 \times 27 - 1.57 \times 2 \times 4 \times 18$
$= 1.57 \times (2 \times 63 + 27 - 2 \times 4 \times 18)$
$= 1.57 \times (153 - 144) = 1.57 \times 9 = 14.13$

(3) $1.875 \div 2.7 + 1\frac{13}{40} \div 2.7 - 0.14 \div 0.27 = 1.875 \div 2.7 + 1\frac{13}{40} \div 2.7 - 1.4 \div 2.7$
$= \left(1.875 + 1\frac{13}{40} - 1.4\right) \div 2.7$
$= (1.875 + 1.325 - 1.4) \div 2.7 = 1.8 \div 2.7 = 18 \div 27 = \frac{18}{27} = \frac{2}{3}$

(4) 本全体のページ数を①とすると, 1日目は$\frac{①}{5}$+6ページとなる。分配法則でかっこをはずす。

2日目は$\left(\frac{①}{5} + 6ページ\right) \times \frac{1}{2}$
$= \frac{①}{5} \times \frac{1}{2} + 6ページ \times \frac{1}{2}$
$= \frac{①}{10} + 3ページとなる。$

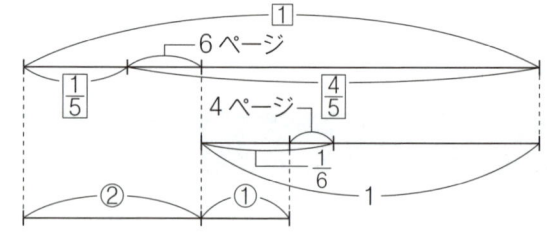

もう1つの情報から2日目は,
$\left(① - \frac{①}{5} - 6ページ\right) \times \frac{1}{6} - 4ページ = \left(\frac{④}{5} - 6ページ\right) \times \frac{1}{6} - 4ページ$
$= \frac{④}{5} \times \frac{1}{6} - 6ページ \times \frac{1}{6} - 4ページ = \frac{②}{15} - 5ページ$

ここから, $\frac{①}{10} + 3ページ = \frac{②}{15} - 5ページ$

$(5 + 3)$ページが本全体の$\left(\frac{②}{15} - \frac{①}{10}\right)$にあたることがわかる。

本全体は$(5 + 3) \div \left(\frac{②}{15} - \frac{①}{10}\right) = 8 \div \frac{①}{30} = 240$(ページ)

(5) 斜線部分の面積は, おうぎ形ＡＯ'Ｂ'から三角形ＡＯ'Ｂ'を取り除いた残りの部分を等積移動をすると, おうぎ形ＡＢＢ'(中心角45度)の面積となる。

ＡＢ(ＡＢ')の長さを□cmとすると,
□×□÷2＝10×10より, □×□＝200
$200 \times 3.14 \times \frac{45}{360} = 78.5$(cm²)

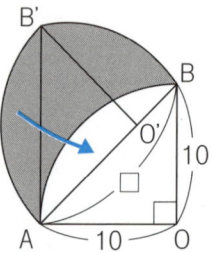

㉓ (1) 42　(2) 2013　(3) 2150　(4) 4800　(5) ①72 ②18.84

関連問題

等しい部分に着目しよう1

24 1回目　月　日　2回目　月　日

(1) $23 \times 5.7 - 23 \times 4.1 - 18 \times 1.6 = \boxed{}$ 　　　　　（公文国際学園）

(2) $0.9 \times 12.5 - 0.26 \times 1.25 + 8.6 \times 0.125 = \boxed{}$ 　　　　（神奈川大学附属）

(3) $\boxed{} \times (6 \div 10 \times 25 - 21 \div \boxed{} \times 6) = 84$ 　（$\boxed{}$には同じ数が入る）
　　　　　　　　　　　　　　　　　　　　　　　　　　　　　　　　　　　　（成城学園）

(4) A，B，Cの3人のおこづかいの合計は6000円です。BはCの3倍より700円少なく，AはBの2倍より100円多くもらっているとき，Aのおこづかいは $\boxed{}$ 円です。
　　　　　　　　　　　　　　　　　　　　　　　　　　　　　　　　　　　　（中央大学附属）

(5) 右の図の四角形ＡＢＣＤは長方形で，ＢＣの長さは16cmです。ＢＣを直径とする半円と，点Ｃを中心とする半径8cmの円の一部をえがきます。色のついた部分⊗と⊗の面積が等しいとき，ＡＢは $\boxed{}$ cmです。円周率を使う場合は，3.14として計算しなさい。　　　　　　　　　　（成蹊）

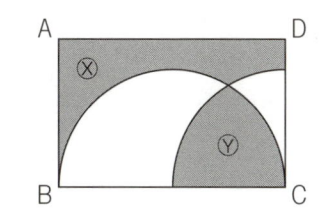

探究しよう！

図形 ▶ 図形の移動はどのように単純化できる？

・**平行移動**によって，図形が通過してできた部分はどのように単純化できるか？

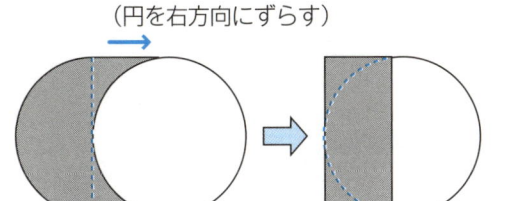

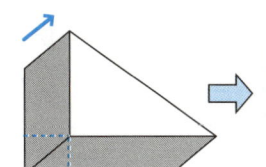

（円を右方向にずらす）　　　　　　　（三角形を右ななめ上にずらす）

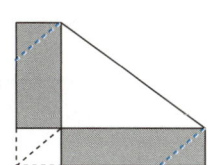

・**回転移動**によって，図形が通過してできた部分はどのように単純化できるか？

（三角形を右回りに回転させる）

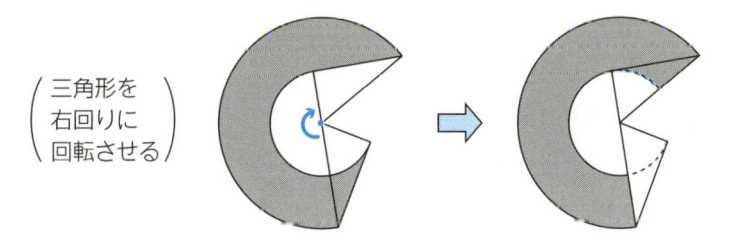

関連問題 (p.37) ㉔解答

㉔ (1) 8　　(2) 12　　(3) 14　　(4) 3500　　(5) 9.42

解説

(1) $23 \times 5.7 - 23 \times 4.1 - 18 \times 1.6 = 23 \times (5.7 - 4.1) - 18 \times 1.6$
$= 23 \times 1.6 - 18 \times 1.6 = (23 - 18) \times 1.6 = 5 \times 1.6 = 8$

(2) $0.9 \times 12.5 - 0.26 \times 1.25 + 8.6 \times 0.125$
$= 0.9 \times 100 \times 0.125 - 0.26 \times 10 \times 0.125 + 8.6 \times 0.125$
$= (90 - 2.6 + 8.6) \times \dfrac{1}{8} = (90 + 8.6 - 2.6) \times \dfrac{1}{8} = 96 \div 8 = 12$

(3) $\square \times (6 \div 10 \times 25 - 21 \div \square \times 6) = 84$

$6 \div 10 \times 25 = \dfrac{6}{10} \times 25 = 15$　……先に計算できる部分

$21 \div \square \times 6 = \dfrac{21}{\square} \times 6 = \dfrac{126}{\square}$　……先に単純化できる部分

$\square \times \left(15 - \dfrac{126}{\square}\right) = \square \times 15 - \square \times \dfrac{126}{\square} = \square \times 15 - 126 = 84$

→分配法則でかっこをはずす。
$\square = (84 + 126) \div 15 = 14$

(4) Cを①とする。

B = ③ − 700となる。分配法則を使ってかっこをはずす。

A = B × 2 + 100 = (③ − 700) × 2 + 100 = ③ × 2 − 700 × 2 + 100 = ⑥ − 1300

A + B + C = ⑥ − 1300 + ③ − 700 + ① = ⑩ − 2000 = 6000

⑩ = 6000 + 2000 = 8000

① = 8000 ÷ 10 = 800

A = ⑥ − 1300 = 800 × 6 − 1300 = 4800 − 1300 = 3500（円）

(5) ⓧとⓨの共通のとなりの部分をZとする。

面積について，ⓧ=ⓨだから，ⓧ + Z = ⓨ + Z

16 ÷ 2 = 8（cm）　……おうぎ形の半径

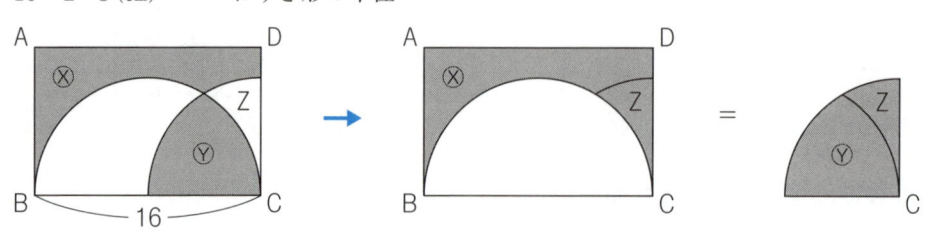

$AB \times 16 - 8 \times 8 \times 3.14 \times \dfrac{1}{2} = AB \times 16 - 32 \times 3.14$　……（ⓧ + Z）の面積

$8 \times 8 \times 3.14 \times \dfrac{1}{4} = 16 \times 3.14$　……（ⓨ + Z）の面積

これが等しいので，AB × 16 − 32 × 3.14 = 16 × 3.14

AB × 16 = 16 × 3.14 + 32 × 3.14 = 48 × 3.14（あとで割るので，かけないでおく！）

AB = 48 × 3.14 ÷ 16 = 3 × 3.14 = 9.42（cm）

視点

Ⅱ 等しい部分に着目しよう……2

⑤…逆算と分配法則／倍数算と和／紙折りと多角形

基本チェック

計算 ▶ 式全体を見わたして，分配法則を利用するかどうかを判断する

文章題 ▶ 合計金額の決まった支払いでは，両替の考え方を使う
- ☐ 大きな硬貨を何枚使うかで分類する。残った金額を残った硬貨で支払う方法を調べる
- ☐ 両替の考え方を利用すると，金額を計算せずに枚数を規則的に調べることができる

【例】50円×2＝100円×1より，50円を2枚減らし100円を1枚増やしても代金は一定
　　　50円が12枚，100円が2枚で800円
　　　50円が12－2＝10枚，100円が2＋1＝3枚でも800円

図形 ▶ 図形の折り返しは，合同を利用する

ホップ ㉕　1回目　月　日　2回目　月　日

☐☐ (1)　12×11＋8×11－☐÷2＝160　　　　　　　　　　　　　（聖望学園）

☐☐ (2)　3.14×44.68＋3.14×55.32＝☐　　　　　　　　　　　　（聖学院）

☐☐ (3)　(9.7×3.68－4.7×3.68)－1.5÷0.1＝☐　　　　　　　　（獨協）

☐☐ (4)　100円，50円，10円の硬貨がたくさんあります。これら3種類の硬貨を少なくとも1枚ずつ使って，420円をおつりがでないように支払う方法は☐通りあります。

（中央大学附属横浜）

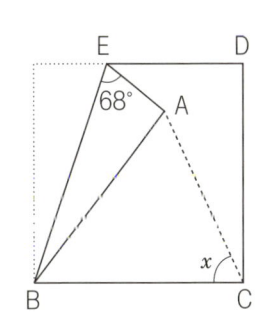

☐☐ (5)　図のように，正方形ＡＢＣＤをＢＥで折り曲げたとき，角ＢＥＡ＝68°になりました。角 x の大きさは☐°です。

（大妻多摩）

視点チェック

計算 ▶ □が同じ数のときは，分配法則を使えるか考える

☐ □に同じ数が入るときは，□を具体的な数と同じように考えて式を観察する

【分配法則を使う例】 $3×□+5×□=16$ $(3+5)×□=8×□=16$だから，$□=2$

【分配法則を使わない例】 $□×(□+1)=110$ $110=10×11$だから，$□=10$

☐ 分数式は比例式に直して，比例式の性質（外項の積＝内項の積）と分配法則を使う

【例】 $\dfrac{□-3}{□+3}=\dfrac{3}{5}$ → $(□-3):(□+3)=3:5$ → $(□-3)×5=(□+3)×3$
　　　　　　　　　　　外項　　内項　内項　外項

$□×5-3×5=□×3+3×3$ → $□×5-15=□×3+9$
　　　　　　　　　　　　→ $□×(5-3)=9+15$

【別解】分母－分子＝6になり，分母：分子＝5：3になる分数を，さがすか，つくる

文章題 ▶ 2つの量の比が変化する場合は，和が一定になるかどうかを考える

☐ 和一定の場合には，比の和を最小公倍数にそろえるか，1とおく

☐ どっちが現在か注意！「～した」は「したあと」が，「～すると」は「する前」が現在

☐ 和一定の問題を線分図に表すときは，1本につなぐとよい

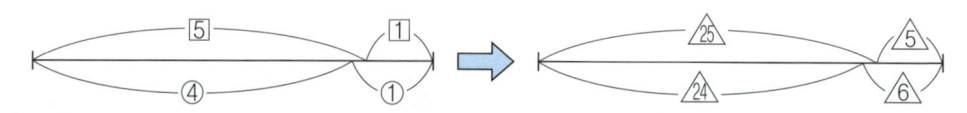

【和一定算の例】

AとBの所持金の比が5：1だったのが，AがBにお金を渡したら4：1になったとする。
比の和が⑤＋①＝⑥から，④＋①＝⑤に変化している。
比の和を6と5の最小公倍数の30にそろえると，
（最初のA，B）＝（⑤，①）×5＝（㉕，⑤）　（あとのA，B）＝（④，①）×6＝（㉔，⑥）
Aが㉕－㉔＝①減っていて，この①が，AがBに渡した金額にあたる。

図形 ▶ 円・おうぎ形の問題では，必ず中心と交点・接点を結ぶ

☐ おうぎ形の中心を弧に重なるよう折り返すと，正三角形と二等辺三角形ができる

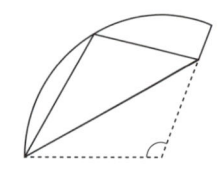

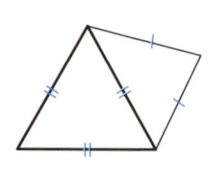

ホップ (p.39) ㉕ 解答

㉕ (1) 120　(2) 314　(3) 3.4　(4) 12　(5) 67

等しい部分に着目しよう2

ステップ 26

(1) 2×□＋5×□＋9＝58　（□には同じ数が入る）　（普連土学園）

(2) $\dfrac{□＋10}{□－10} = 1\dfrac{5}{14}$　（□には同じ数が入る）　（鎌倉女学院）

(3) □×□×0.8÷5＝1　（□には同じ数が入る）　（日本大学豊山）

(4) 兄は弟の4倍のお金を持っています。兄が弟に200円渡すと，兄のお金は弟の2倍となります。兄と弟の持っているお金は合わせて□円です。　（大宮開成）

(5) 右の図のように，おうぎ形OABの周上に点Cがあります。このおうぎ形をADに沿って折り返したら，中心Oが点Cに重なりました。このとき，角アの大きさは□°です。　（城北）

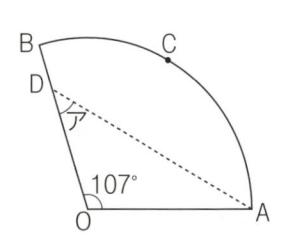

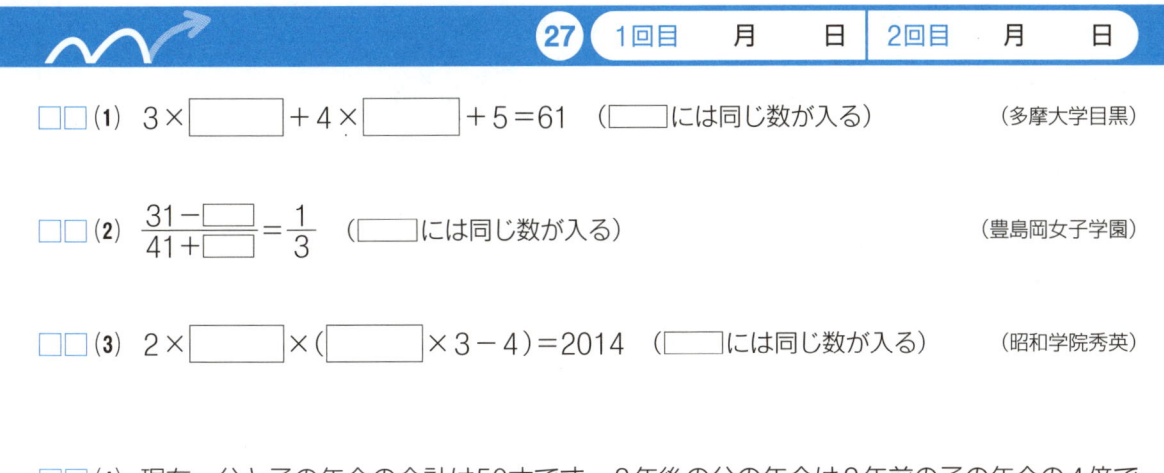

ステップ 27

(1) 3×□＋4×□＋5＝61　（□には同じ数が入る）　（多摩大学目黒）

(2) $\dfrac{31－□}{41＋□} = \dfrac{1}{3}$　（□には同じ数が入る）　（豊島岡女子学園）

(3) 2×□×（□×3－4）＝2014　（□には同じ数が入る）　（昭和学院秀英）

(4) 現在，父と子の年令の合計は50才です。2年後の父の年令は2年前の子の年令の4倍です。現在の父の年令は□才です。　（多摩大学附属聖ヶ丘）

(5) おうぎ形を図のように折り曲げました。このとき，おうぎ形の中心角は□°です。　（高輪）

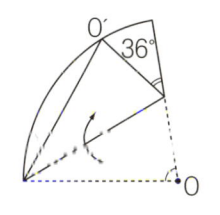

ステップ (p.41) ㉖㉗解答

㉖ (1) 7　　(2) 66　　(3) $2\dfrac{1}{2}$　　(4) 1500　　(5) 43

解説

(1) ☐が同じ数なので，分配法則を使うことができる。
　　$2 \times ☐ + 5 \times ☐ = (2+5) \times ☐ = 7 \times ☐$
　　$7 \times ☐ + 9 = 58$ となるので，☐ $= (58-9) \div 7 = 7$

(2) $1\dfrac{5}{14} = \dfrac{19}{14}$ から，☐$+10$が⑲にあたり，☐-10が⑭にあたる。
　　この差⑲－⑭＝⑤が$10+10=20$にあたる。①$=20 \div 5 = 4$より，☐$= 4 \times 14 + 10 = 66$

【別解1】比例式の性質を使う。
　　分数式を比例式に直すと，分母：分子$=(☐-10):(☐+10)=14:19$
　　外項の積$=(☐-10) \times 19 = ☐ \times 19 - 10 \times 19 = ☐ \times 19 - 190$
　　内項の積$=(☐+10) \times 14 = ☐ \times 14 + 10 \times 14 = ☐ \times 14 + 140$
　　この2つが等しいので，☐$\times 19 - ☐ \times 14 = ☐ \times (19-14) = ☐ \times 5 = 190 + 140 = 330$
　　☐$\times 5 = 330$から，☐は$330 \div 5 = 66$となる。

【別解2】分数式を比例式に直す。
　　分母：分子$=(☐-10):(☐+10)=⑭:⑲$
　　$+10$と-10が消しあうことに着目する。☐$+10+$☐$-10 = 2 \times$☐が⑭$+$⑲$=$㉝にあたるから，☐は㉝$\div 2 =$⑯.⑤にあたる。☐-10が⑭にあたるから，10が⑯.⑤－⑭＝②.⑤にあたる。$10 \div 2.5 = 4$から，☐は，$4 \times 16.5 = 66$となる。

(3) $0.8 = \dfrac{4}{5}$ だから，☐$\times$☐$= 1 \times 5 \div \dfrac{4}{5} = \dfrac{25}{4} = \dfrac{5}{2} \times \dfrac{5}{2}$
　　☐$= \dfrac{5}{2} = 2\dfrac{1}{2}$

(4) お金を渡す前と後の2人の金額の比は$4:1$から$2:1$に変化しているので，比の和が$4+1=5$から$2+1=3$に変わる。しかし，金額の和は一定なので，5と3の最小公倍数の15にそろうように比を表す。$4:1$の比を3倍して$12:3$に，$2:1$の比を5倍して$10:5$にすると，$12-10=2$が200円にあたる。金額の和は15にあたるので，☐$= 200 \times \dfrac{15}{2} = 1500$（円）。

(5) おうぎ形を折って中心を弧に重ねると正三角形ができる。
そのとき，弧と半径の間の頂点にできた折り目の角が30度になる。
DC，CA，OCをそれぞれ結ぶ。
OA＝OC＝ACなので三角形COAは正三角形，
よって，角OAC＝60（度）。
また，折り返したので，角CADと角OADは
どちらも$60 \div 2 = 30$（度）。
よって，角アは$180-(107+30)=43$（度）となる。

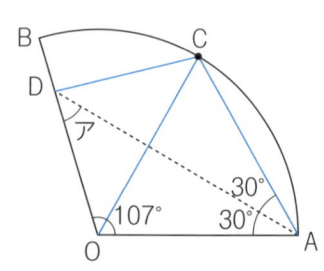

㉗ (1) 8　　(2) 13　　(3) 19　　(4) 38　　(5) 78

等しい部分に着目しよう2

ジャンプ 28 1回目 月 日 2回目 月 日

(1) $2012 \times 1.4 - 2012 \times \dfrac{4}{5} + 2013 \times 0.4 = \boxed{}$ （明治学院）

(2) $(65 \times 54 - 54 \times 43 + 43 \times 32 - 32 \times 21) \div 22 = \boxed{}$ （城北）

(3) $9873 \times 158 - 142 \times 9847 + 9873 \times 142 - 158 \times 9847 = \boxed{}$ （頌栄女子学院）

(4) 右の図のあ～けの中に1～9の数字を1つずつ入れ，6つの正方形の頂点の数の和がいずれも20になるようにしたいと思います。おにあてはまる数は $\boxed{}$ です。

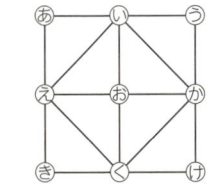

（駒場東邦）

(5) 右の図は，1辺の長さが6cmの正八角形と，中心が頂点にある半径が6cmの円の一部を組み合わせたものです。色のついた部分の周の長さの合計は $\boxed{}$ cmです。ただし，円周率は3.14とします。

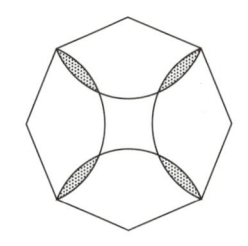

（豊島岡女子学園）

29 1回目 月 日 2回目 月 日

(1) $9.2 \times 3.6 + 6.4 \times 3.5 - 3.6 \times 1.9 + 3.8 \times 6.4 = \boxed{}$ （日本女子大学附属）

(2) $(6 \times 6 \times 3.6 + 2 \times 2 \times 1.8) - (5 \times 5 \times 3.6 + 2 \times 2 \times 3.6 + 4 \times 4 \times 1.8) = \boxed{}$ （横浜女学院）

(3) $\left(\dfrac{2}{3} \times 9.63 + \dfrac{5}{2} \times 3.21 - \dfrac{1}{4} \times 6.42\right) \div \left(321 \div 2 \times \dfrac{1}{5}\right) = \boxed{}$ （横浜雙葉）

(4) 右の図のア～キには1～7の異なる数字がそれぞれ入ります。図において，一直線に結ばれた3つの数字と正三角形に結ばれた3つの数字の合計が等しくなるように，キにあてはまる数字をすべて求めると $\boxed{}$ です。

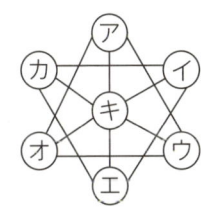

（かえつ有明）

(5) 右の図のように直径が12cmの円と1辺の長さが12cmの正三角形があります。斜線部分の面積は $\boxed{}$ cm²です。ただし円周率は $\dfrac{22}{7}$ とします。

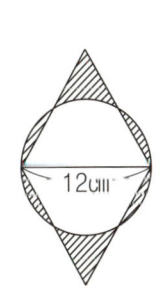

（白百合学園）

ジャンプ (p.43) ㉘㉙解答

㉘ (1) 2012.4　(2) 86　(3) 7800　(4) 5　(5) 37.68

解説

(1) 式全体を見わたしたうえで，式の一部分で分配法則を使う。
2013×0.4を0.4が2013個と意味づけすると，2013×0.4＝0.4×2012＋0.4になる。
2012×1.4 − 2012×0.8 ＋ 2013×0.4
＝ 2012×1.4 − 2012×0.8 ＋ 2012×0.4 ＋ 0.4
＝ 2012×(1.4 − 0.8 ＋ 0.4) ＋ 0.4
＝ 2012×1 ＋ 0.4 ＝ 2012.4

(2) 式全体を見わたしたうえで，式の一部分で分配法則を使う。
(65×54 − 54×43 ＋ 43×32 − 32×21) ÷ 22
＝ {(65 − 43)×54 ＋ (43 − 21)×32} ÷ 22
＝ (22×54 ＋ 22×32) ÷ 22
＝ (54 ＋ 32)×22 ÷ 22 ＝ 86

(3) 式全体を見わたしたうえで，式の一部分で分配法則を使う。
9873×158 − 142×9847 ＋ 9873×142 − 158×9847
＝ 9873×158 ＋ 9873×142 − 142×9847 − 158×9847
＝ 9873×(158 ＋ 142) − (142 ＋ 158)×9847
＝ (9873 − 9847)×(158 ＋ 142) ＝ 26×300 ＝ 7800

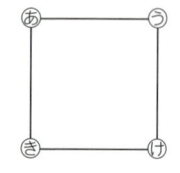

(4) 6つの正方形の和はどれも20になっている。通常，このような問題では頂点のダブリ回数に着目することが多い。この問題では，逆に，頂点のダブリがない正方形に着目する。
1 ＋ 2 ＋ 3 ＋ 4 ＋ 5 ＋ 6 ＋ 7 ＋ 8 ＋ 9 ＝ 45　……あ～けの数の和 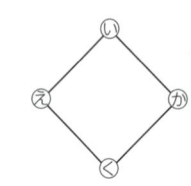
あ＋う＋き＋け ＝ 20
い＋え＋か＋く ＝ 20
45 − 20×2 ＝ 5

(5) 右図のように補助線を引くと，一辺6cmのひし形ができる。このとき，色のついた部分の周の長さの合計は，半径6cmで中心角アの弧の長さの8倍にあたる。
180 − 360÷8 ＝ 135(度)　……角イの大きさ
(360 − 135×2) ÷ 2 ＝ 45(度)　……角アの大きさ
$6 × 2 × 3.14 × \frac{45}{360} × 8 = 37.68$(cm)

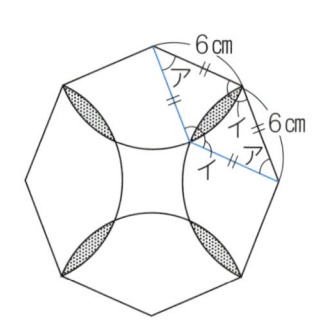

㉙ (1) 73　(2) 3.6　(3) 0.4　(4) 4　(5) $37\frac{5}{7}$

関連問題

等しい部分に着目しよう2

30　1回目　月　日　2回目　月　日

□□(1)　□ ＝4.8÷□ ＋5.2　（□には同じ整数が入る）　　（江戸川女子）

□□(2)　4：(33－□)＝7：(33＋□)　（□には同じ数が入る）　　（神奈川大学附属）

□□(3)　$\dfrac{2\times\Box+1}{3\times\Box-2}=\dfrac{3}{4}$　（□には同じ数が入る）　　（鎌倉女学院）

□□(4)　決められた何種類かの整数を足し合わせて1つの整数をつくる方法を考えます。たとえば、1、2、3のみを用いて5をつくる方法は、

　　　　3＋2，3＋1＋1，2＋2＋1，2＋1＋1＋1，1＋1＋1＋1＋1

　　の5通り考えられます。ただし、足す順序が異なるだけのものは同じ方法とします。2、3、5のみを用いて30をつくる方法は全部で□通りあります。　　（麻布）

□□(5)　点Oを中心とする半径6cmの半円があります。図のように、ACを折り目として、円周が点Oを通るように折りました。このとき、図の斜線部分の面積は□cm²です。ただし、円周率は3.14とします。

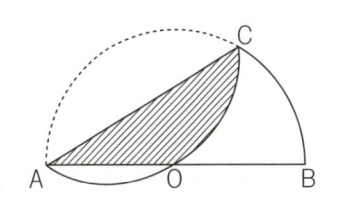

（東京女学館）

探究しよう！

図形 ▶ 曲線図形で大切なことは何だろう？

・曲線部分があれば、どう考える？
・正多角形の頂点を中心とするおうぎ形があれば、どう考える？
・おうぎ形を折って中心と弧を重ねると必ずできる図形は何か？　どうしてか？

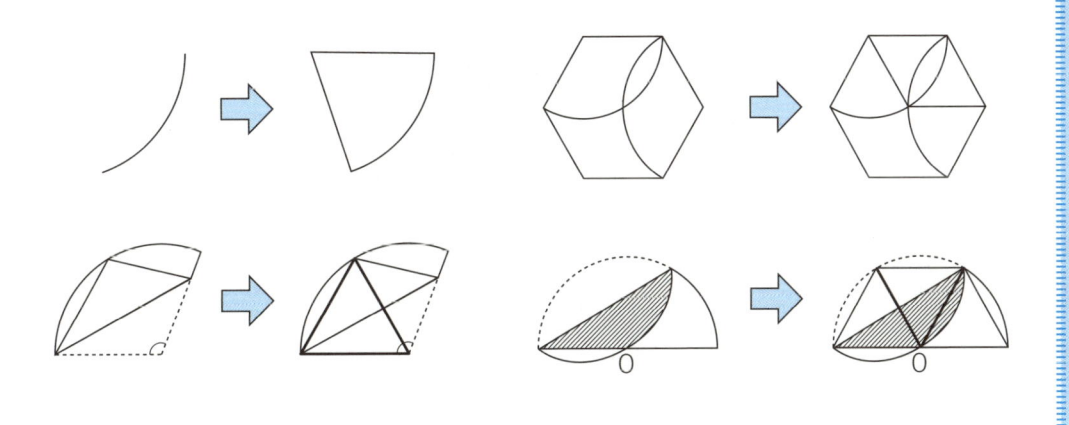

関連問題 (p.45) ㉚解答

㉚ (1) 6　　(2) 9　　(3) 10　　(4) 21　　(5) 18.84

解説

(1) □=4.8÷□+5.2　□は5.2より大きい整数だから，6以上。
4.8÷□=□−5.2=◎.8　これにあてはまる整数□=6

(2) 4：(33−□)=7：(33+□)
外項の積と内項の積が等しいので，内項を入れ替える。
④：⑦=(33−□)：(33+□)
−□と+□は，たし算すると打ち消しあって消えることに着目する。
④+⑦=⑪が，(33−□)+(33+□)=66にあたる。
⑦にあたるのは66÷11×7=42だから，33+□=42　□=42−33=9

(3) 分数式を比例式に直す。分配法則でかっこをはずす。
分母：分子=(3×□−2)：(2×□+1)=4：3
外項の積=(3×□−2)×3=3×□×3−2×3=9×□−6
内項の積=(2×□+1)×4=2×□×4+1×4=8×□+4
これが等しいので，9×□−8×□=□は，6+4=10に等しい。
よって，□=10となる。

(4) 2，3，5の個数をそれぞれ○，□，△とすると，
2×○+3×□+5×△=30が成り立つ○，□，△の組の数を求めればよい。
△は最大30÷5＝6なので，△を6，5，4，…，1，0と固定しながら調べていく。
△を固定したら，□と○には両替の考え方を使い，□を2減らすと○は3増やす。

△	6	5	4	4	3	3	2	2	2	2
□	0	1	2	0	5	3	1	6	4	2	0
○	0	1	2	5	0	3	6	1	4	7	10

△	1	1	1	1	0	0	0	0	0
□	7	5	3	1	10	8	6	4	2	0
○	2	5	8	11	0	3	6	9	12	15

全部で1+1+2+3+4+4+6＝21(通り)ある。

(5) 斜線部分は，半径6cmで中心角が60度のおうぎ形に等積変形できる。
したがって，斜線部分の面積は　$6×6×3.14×\frac{60}{360}=18.84$ (cm²)
折り返す前の弧AC(点線)で，折り返して中心Oと重なる点をO′とする。
A，C，O，O′を結ぶ。
折り返しによって，三角形AO′Cが三角形AOCに移動するから合同になる。AO=CO=AO′=CO′となる。
だから，四角形AOCO′はひし形になる。
したがって，三角形AOCと三角形O′OCの面積は等しい。
だから，斜線部分はおうぎ形O′OCと面積は等しい。

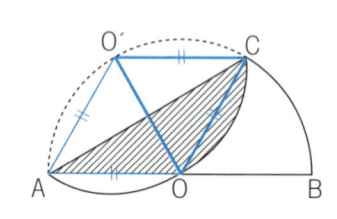

視点 Ⅱ 等しい部分に着目しよう……3

⑥…整数と分配法則／倍数算と差／○×の利用

基本チェック

計算 ▶ 式全体を見わたして，分配法則を利用するかどうかを判断する

文章題 ▶ 2つの量が変化する問題では，差が一定になるかどうかを考える
- ☑ 差一定の場合は，2つの量の差が比の差にあたることを使う
- ☑ 2人が同じ金額の買い物をしたり，同じだけ他の人からもらうと，所持金の差は一定

図形 ▶ 1つ1つが決まらなくても合計が決まるときは，○や△を使って式をつくる

【例】 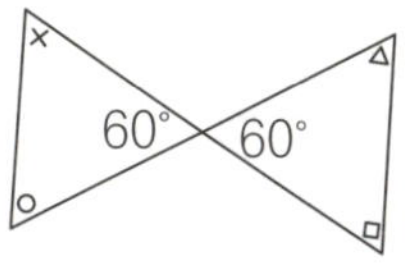
○＋×＋60＝180（度）
△＋□＋60＝180（度）
180－60＝120（度）　だから，○＋×＝△＋□＝120（度）

ホップ ㉛

(1) 3.02×1.8＋3.02×4.5－3.02×1.3＝□　　（日本大学第一）

(2) 4×3.14＋13×3.14－3×3.14＝□　　（跡見学園）

(3) 0.6×1.2＋1.8×(1.8－0.6)－0.4×1.2＝□　　（立正大学付属立正）

(4) 兄は1540円，弟は820円を持っています。お母さんが兄弟2人に同額のお金を与えたので，弟の所持金は兄の所持金の$\frac{2}{3}$となりました。お母さんは2人に□円ずつ与えました。　　（城北埼玉）

(5) 右の図の x の部分の角度は□°です。　　（足立学園）

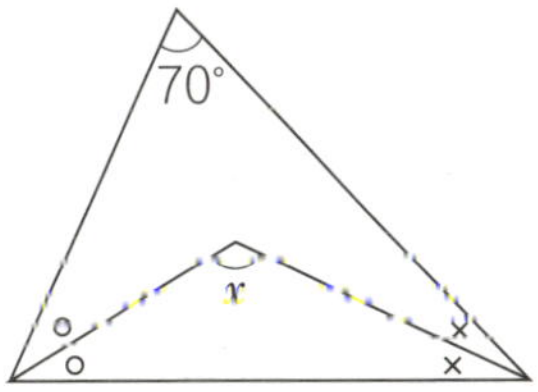

視点チェック

計算 ▶ 約数・倍数を利用すると，分配法則が使えることもある

【例】120×150+115×300 = 120×**150**+115×2×**150**
　　　　　　　　　　　　= 120×**150**+230×**150**
　　　　　　　　　　　　=(120+230)×**150** = 350×150
　　　　　　　　　　　　= 52500

文章題 ▶ 2つの量の比が変化する場合は，差が一定にならないかを考える

☑ 差一定の場合には，比の差を最小公倍数にそろえる
☑ どっちが現在か注意！「～した」は「したあと」が，「～すると」は「する前」が現在
☑ 差一定の問題を線分図に表すときは，2本のはしをそろえるとよい
☑ 和も差も一定ではない（倍数変化算）ときは，一定な部分をつくって考えるか，比例式に表して比例式の性質を使う

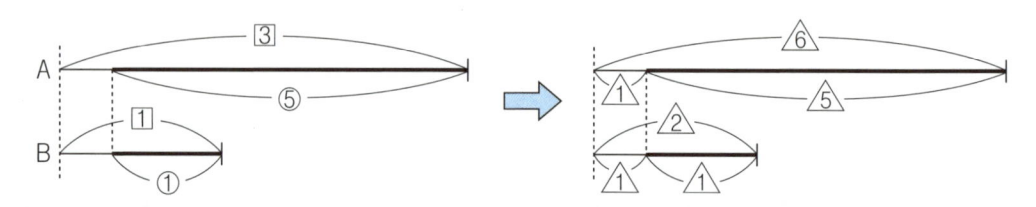

【差一定算の例】
AとBの所持金の比が3：1だったのが，AとBが同じお金を使ったら5：1になったとする。
比の差が ③－① = ② から，⑤－① = ④ に変化している。
比の差を2と4の最小公倍数の4にそろえると，
（最初のA，B）=（③，①）×2 =（⑥, ②）　（あとのA，B）=（⑤，①）×1 =（△5，△1）
Aが △6 － △5 = △1 減っていて，この △1 が，Aが使った金額にあたる。

図形 ▶ 未知の角度には〇や×の印をつけて，等しい角をはっきりさせる

【例】〇と×の合計に着目すると，〇＋×＝90（度）

ホップ (p.47) ㉛ 解答

㉛　(1) 15.1　(2) 43.96　(3) 2.4　(4) 620　(5) 125

ステップ 32

(1) 2013×0.5+4026×0.1+671×0.9＝□　（千葉日本大学第一）

(2) 13×18+26×7−39×9−0.13×400＝□　（慶應義塾中等部）

(3) 123456×63+7×7＝□　（慶應義塾普通部）

(4) A君とB君の所持金の比は3：4でしたが，2人とも800円ずつ使ったので，所持金の比が11：16になりました。A君の最初の所持金は□円でした。（高輪）

(5) 右の図のように，円周上に5点A，B，C，D，EがありAB＝BC，DE＝EAです。また，角Aの大きさは105°，角Cの大きさから角Dの大きさを引くと25°です。このとき角Cの大きさは□°です。（大妻）

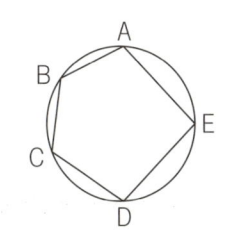

ステップ 33

(1) 26×123+23×246+24×369−11×492＝□　（中央大学附属）

(2) (24×0.12+36×0.12−4.8×1.2)÷(1.2×1.2)＝□　（青稜）

(3) 25×1234+25×8765−250×567−125×864＝□　（城北埼玉）

(4) AとBの持っているお金の比は5：3でした。2人はそれぞれ2：1の比でお金を使い，2人とも300円残りました。はじめにAが持っていたお金は□円です。（江戸川学園取手）

(5) 右の図で，OA＝OB＝OC，角AOCの大きさが140°のとき，角ABCは□°です。（女子美術大学付属）

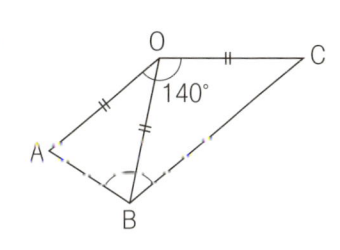

ステップ (p.49) ㉜㉝解答

㉜ (1) 2013　(2) 13　(3) 7777777　(4) 3000　(5) 125

解説

(1) 式全体を見わたすと，ある整数の約数，倍数が並んでいることに気がつく。
　　$4026 = 2013 \times 2$　で　$671 = 2013 \div 3$。
　　$2013 \times 0.5 + 4026 \times 0.1 + 671 \times 0.9$
　　$= 2013 \times 0.5 + 2013 \times 2 \times 0.1 + 2013 \times \frac{1}{3} \times 0.9$
　　$= 2013 \times 0.5 + 2013 \times 0.2 + 2013 \times 0.3 = 2013 \times 1 = 2013$

(2) $13 \times 18 + 26 \times 7 - 39 \times 9 - 0.13 \times 400 = 13 \times 18 + 13 \times 2 \times 7 - 13 \times 3 \times 9 - 13 \times 4$
　　$= 13 \times (18 + 14 - 27 - 4) = 13 \times 1 = 13$

(3) $123456 \times 63 + 7 \times 7 = 123456 \times 9 \times 7 + 7 \times 7$
　　$= (123456 \times 9 + 7) \times 7 = (123456 \times 10 - 123456 \times 1 + 7) \times 7$
　　$= (1234560 - 123456 + 7) \times 7 = (1111104 + 7) \times 7$
　　　　　　　　　　　　　　　　$= 1111111 \times 7 = 7777777$

```
  1234560
-  123456
  1111104
```

(4) 2人の所持金の比の差は $4 - 3 = 1$ から $16 - 11 = 5$ に変わるが，所持金の差は一定。
　　1と5の最小公倍数の5にそろえると $3 : 4 = 15 : 20$ となる。
　　A君の最初の所持金は15にあたり，800円は $15 - 11 = 4$ にあたる。
　　A君の所持金は $800 \div 4 \times 15 = 3000$（円）

(5) 図の円に中心点を置き，二等辺三角形を作って考えることが解法のポイント。
　　円の中心をOとして考える。

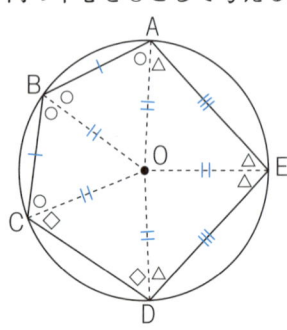

・図中5つの三角形はすべて二等辺三角形
・条件よりAB＝BCなので△OABと△OBCは合同
・同様に△OAEと△ODEも合同
・条件より○＋△＝105（度）

$180 \times (5 - 2) = 540$（度）　……五角形の内角の和
$105 \times 4 = 420$（度）　……図中に（○＋△）の組み合わせが4つある
$540 - 420 = 120$（度）　……◇＋◇
$120 + 105 = 225$（度）　……角Cと角Dの和　┐
　　　　　25（度）　……角Cと角Dの差　┘和差算の利用

CはDより大きいので，$(225 + 25) \div 2 = 125$（度）

㉝ (1) 12300　(2) 1　(3) 225　(4) 1500　(5) 110

ジャンプ 34

等しい部分に着目しよう3

1回目 月 日　2回目 月 日

(1) 18×11+21×22+24×33+□×33=2013　　（多摩大学附属聖ヶ丘）

(2) (2.01×5−6.03×□+14.07)÷10=2.01　　（東京電機大学）

(3) 7.21×5.67+□×17.01+1.23×11.34=56.7　　（日本大学）

(4) 兄と弟の所持金の比は17：7でしたが，バス代として兄は210円，弟は110円使ったところ，残金の比が3：1になりました。兄のはじめの所持金は□円でした。
（慶應義塾湘南藤沢）

(5) 右の図の四角形ＡＢＣＤはＡＢ＝ＡＤ，ＡＣ＝10cmです。角ＡＣＢの大きさは15°であり，角ＡＢＣの大きさと角ＡＤＣの大きさの和は180°です。このとき，四角形ＡＢＣＤの面積は□cm²です。
（豊島岡女子学園）

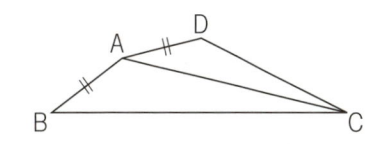

ジャンプ 35

1回目 月 日　2回目 月 日

(1) 11×□+109×6.6+13×110=2014×1.1　　（攻玉社）

(2) (17×14+17×15−17×□)×$\frac{2}{9}$=68　　（日本女子大学附属）

(3) 94×97−63×17+□×80−31×97=12800　　（慶應義塾普通部）

(4) はじめ兄，弟の持っているお金の比は8：3でした。兄が400円使い，弟がお母さんから600円もらい，兄，弟の持っているお金の比が16：11になりました。兄がはじめに持っていたのは□円です。
（ラ・サール）

(5) 右の図で，ＣＤ＝ＡＥ，ＡＢ＝ＢＣのとき，あの角の大きさは□°です。
（和洋九段女子）

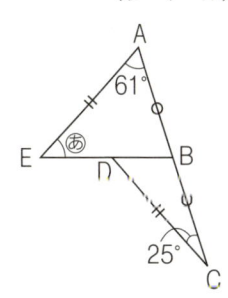

ジャンプ(p.51) ㉞㉟解答

㉞ (1) 17　　(2) $\dfrac{2}{3}$　　(3) 0.11　　(4) 510　　(5) 25

解説

(1) 左辺 $= 18×11+21×22+24×33+\boxed{}×33$
$= 18×11+21×2×11+24×3×11+\boxed{}×3×11$
$= (18+42+72+\boxed{}×3)×11 = (132+\boxed{}×3)×11$

これより，$(132+\boxed{}×3)×11 = 2013$

$\boxed{} = (2013÷11-132)÷3 = 51÷3 = 17$

(2) $(2.01×5-6.03×\boxed{}+14.07)÷10 = 2.01$

$(2.01×5-2.01×3×\boxed{}+2.01×7)÷10 = 2.01×1$

$2.01×(5+7-3×\boxed{})÷10 = 2.01×1$

これより，共通な2.01以外を比較して，$(5+7-3×\boxed{})÷10 = 1$

$\boxed{} = (5+7-10)÷3 = 2÷3 = \dfrac{2}{3}$

(3) $7.21×5.67+\boxed{}×17.01+1.23×11.34 = 56.7$

$7.21×5.67+\boxed{}×3×5.67+1.23×2×5.67 = 10×5.67$

$(7.21+\boxed{}×3+1.23×2)×5.67 = 10×5.67$

共通な5.67を消すと，$7.21+\boxed{}×3+1.23×2 = 10$

$\boxed{} = (10-1.23×2-7.21)÷3 = 0.33÷3 = 0.11$

(4) 倍数変化算の問題を比例式で解く。
兄と弟のはじめの所持金をそれぞれ⒄と⑺として，比例式をつくる。
(⒄－210円)：(⑺－110円) ＝ 3：1　この式に比例式の性質(外項の積＝内項の積)を使う。
(⒄－210円)×1 ＝ (⑺－110円)×3　分配法則を使ってかっこをはずすと，
⒄－210円 ＝ ㉑－330円
これから，120円(＝330－210)が，④(＝㉑－⒄)にあたることがわかる。
だから，①にあたるのは30円となり，⒄にあたるのは，30×17 ＝ 510(円)。

(5) 問題文の条件から，Aを中心として三角形ACD
を回転させると，等しい辺の長さが10cmで，底角の
大きさが15度の二等辺三角形AC'Cができる。
二等辺三角形AC'Cにおいて，辺AC'を底辺とし
たときの高さをCHとし，面積を求める。
15＋15＝30(度)　……角CAHの大きさ
三角形CAHは正三角形を二等分した直角三角形で
あることがわかる。
10÷2＝5(cm)　……CH
10×5÷2＝25(cm²)

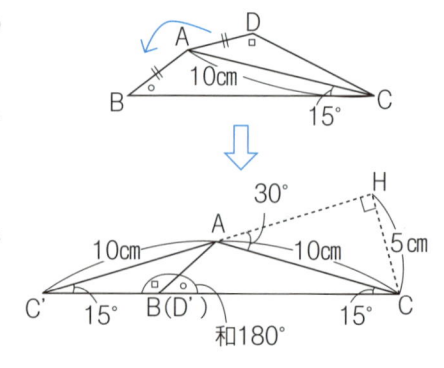

㉟ (1) 6　　(2) 11　　(3) 97　　(4) 2800　　(5) 47

関連問題

等しい部分に着目しよう3

36 1回目　月　日　2回目　月　日

(1) ｛(2＋7×3)÷□－3÷□｝×□×□＝100
（□には同じ数が入る）
(東京農業大学第一)

(2) 777－18×37＋555－37×12＋333－37×6＋111＝□
(成城学園)

(3) 13×13＋26×26＋39×39＋52×52－65×65＝□
(東海大学付属相模)

(4) 袋の中に白玉と赤玉が3：2の割合で入っています。この袋から4：3の割合で白玉と赤玉を取り出したところ，袋の中に残っている白玉と赤玉の割合が2：1となりました。初めにあった白玉と残った白玉の割合を最も簡単な整数の比にすると□：□です。
(芝浦工業大学柏)

(5) 右の図は，正方形と半円と，中心角が90°のおうぎ形を組み合わせたものです。角 x の大きさは□°です。
(慶應義塾中等部)

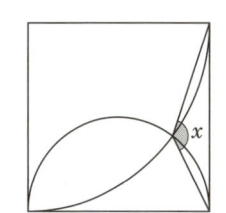

探究しよう！

図形 ▶ 等しい角に同じ印をつけるという方法は何の役に立つの？

・たとえば，「半円の円周上にできる角は直角である」ことの説明ができる

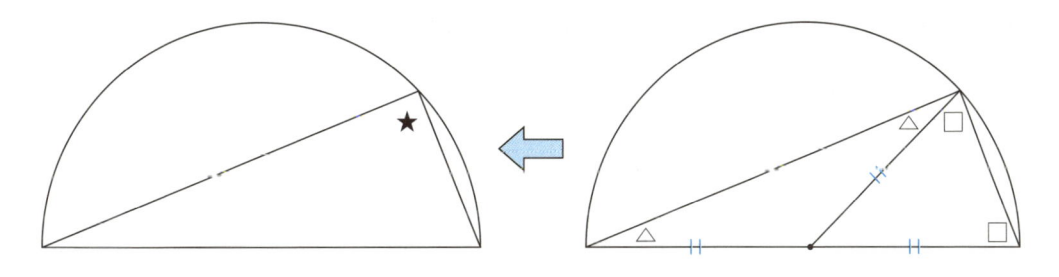

【★が90度の理由】
半円の中心を頂点として半径を2辺にもつ三角形は，二等辺三角形なので，2角が等しい。
2×△＋2×□＝2×(△＋□)＝180(度)
★＝△＋□＝180÷2＝90(度)

関連問題 (p.53) ㊱解答

㊱ (1) 5　　(2) 444　　(3) 845　　(4) 3：1　　(5) 135

解説

(1) $\{(2+7\times3)\div\Box-3\div\Box\}\times\Box\times\Box=100$
　　$=\{(2+7\times3)\div\Box-3\div\Box\}\times\Box\times\Box$
　　$=\{23\div\Box-3\div\Box\}\times\Box\times\Box$
　　$=\left\{\dfrac{23}{\Box}-\dfrac{3}{\Box}\right\}\times\Box\times\Box=\dfrac{20}{\Box}\times\Box\times\Box=20\times\Box=100$
　　$\Box=100\div20=5$

(2) $777-18\times37+555-37\times12+333-37\times6+111$
　$=7\times111-6\times3\times37+5\times111-37\times3\times4+3\times111-37\times3\times2+111$
　$=7\times111-6\times111+5\times111-111\times4+3\times111-111\times2+111\times1$
　$=(7-6+5-4+3-2+1)\times111=4\times111=444$

(3) $13\times13+26\times26+39\times39+52\times52-65\times65$
　$=13\times13\times1+13\times2\times13\times2+13\times3\times13\times3+13\times4\times13\times4-13\times5\times13\times5$
　$=13\times13\times(1+2\times2+3\times3+4\times4-5\times5)$
　$=169\times(1+4+9+16-25)=169\times5=845$

(4) 初めの白玉と赤玉の数を③，②とし，取り出した白玉と赤玉の数を④，③とする。
　残った白玉と赤玉の数の比は　(③−④)：(②−③)＝2：1
　外項の積＝(③−④)×1＝③−④
　内項の積＝(②−③)×2＝②×2−③×2＝④−⑥　→分配法則でかっこをはずす。
　これが等しいので，差の④−③＝①と⑥−④＝②が等しい。
　すると，最初の情報の①を②におきかえることができる。
　だから，初めにあった白玉と残った白玉の数の比は，
　③：(③−④)＝②×3：(②×3−④)＝⑥：②＝3：1

(5) 図の中の等しい角度に等しい印をつけることで，関係をはっきりさせる。
　円，おうぎ形があれば，中心と円周上の点(接点や交点)を結んでみよう。そうすると，二等辺三角形であることが使える。
　また，半円の弧の一点と直径の両はしを結んでできる角(☆)が直角になるということも使えるようにしたい。
　正方形の中の2つの二等辺三角形をあわせた四角形の1つの角が90度なので，残りの角の和は360−90＝270(度)。
　これは図の印で，○2個と△2個の和になるから，○と△の和は，270÷2＝135(度)。
　$x=360-(135+90)=135$(度)

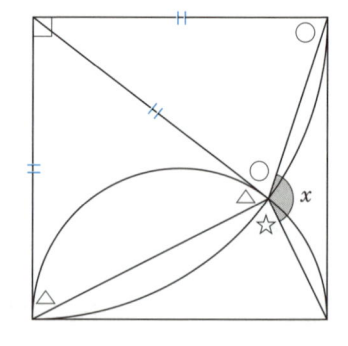

視点 III 表し方を変えてみよう……1

7 …分数の形と通分／歯車と仕事算／容器傾け

基本チェック

計算 ▶ 「整数A÷整数B」は，Bを分母とする分数に変えて表してみる

文章題 ▶ 2つの量の積が一定（反比例）のときは，積から逆算できる
☐ 時間が同じなら，かみ合う歯車の進む歯数の合計（歯数×回転数）は等しい

図形 ▶ 直方体の容器では，底面積と水の高さの積一定に着目する
☐ 水量一定の容器では，水の高さの最小公倍数を水量と仮定することもできる
☐ 水量一定の容器では，底面積と高さが逆比（反比例）の関係になる

【例】閉じた容器に水を入れて，向きを変えたら，水の高さが3cmから5cmに変わった。
→［水量を3と5の最小公倍数15と仮定］
　底面積の比は，(15÷3):(15÷5)＝5:3
→［初めの底面積を□，向きを変えたあとの底面積を○とする］
　□×3＝○×5＝水量だから，底面積の比は□:○＝5:3（水位の比の逆比）

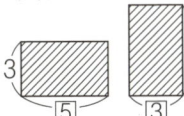

ホップ 37

(1) $8 \div \dfrac{2}{3} - 5 \div 3 \times 6 =$ ☐　　（日本大学第三）

(2) $4 - (2 - 1 \div 3) + 7 \times (2 \div 21) =$ ☐　　（法政大学）

(3) $99 \div 27 - 6 \div 9 =$ ☐　　（茗溪学園）

(4) 歯の数54個の歯車が3分間で24回転する速さで回っています。この歯車にかみ合う歯の数☐個の歯車は8分間で27回転します。　　（桐光学園）

(5) 直方体の透明（とうめい）な容器に水がいくらか入っています。この容器の3種類の面をA，B，Cとします。この容器を，面A，B，Cを上に向けて置くと水の高さはそれぞれ2cm，3cm，4cmになります。それぞれの面の面積の比を最も簡単な整数の比で表すと，A：B：C＝☐：☐：☐になります。　　（法政大学）

視点チェック

計算 ▶ 通分をするときは，分母を1つにまとめる表し方も身につける

☐ $\dfrac{C}{A} + \dfrac{D}{B} = \dfrac{C \times B + D \times A}{A \times B}$

【例】$\dfrac{2}{3} + \dfrac{5}{7} = \dfrac{14+15}{21} = \dfrac{29}{21} = 1\dfrac{8}{21}$　（分子の2には7を，分子の5には3をかける）

☐ $\dfrac{1}{A} + \dfrac{1}{B} + \dfrac{1}{C} = \dfrac{B \times C + A \times C + A \times B}{A \times B \times C}$

【例】$\dfrac{1}{2} + \dfrac{1}{3} + \dfrac{1}{5} = \dfrac{15+10+6}{30} = \dfrac{31}{30} = 1\dfrac{1}{30}$　（どの分子にも，他の分数の分母をかける）

文章題 ▶ 仕事算では，全体か部分を1や最小公倍数を使って表す

☐ 仕事の量を考える問題では，全体を1と仮定することができる

【例】5人が1日に8時間仕事をして4日で終わる仕事があるとする。
　　　どの人も1時間で1の仕事をするとしたら，仕事全体は $5 \times 8 \times 4 = 160$
　　　仕事全体を1とすると，1時間の仕事量は $1 \div 160 = \dfrac{1}{160}$ と表すこともできる。

【例】同じ仕事をAは3日で，Bは2日でするとき，2人で仕事をしてかかる日数を出す。
　　　・仕事全体を1とすると1日の仕事量は…　A→$1 \div 3 = \dfrac{1}{3}$　B→$1 \div 2 = \dfrac{1}{2}$
　　　AとBの合計→$\dfrac{1}{3} + \dfrac{1}{2} = \dfrac{5}{6}$　だから，$1 \div \dfrac{5}{6} = \dfrac{6}{5} = 1.2$日かかる。
　　　※1日の仕事を8時間とすると，$8 \times 0.2 = 1.6$だから，1日と1.6時間で仕事が終わる。

☐ 仕事にかかる日数の最小公倍数を全体の仕事量と仮定することができる

【例】同じ仕事をAは3日で，Bは2日でするとき，2人で仕事をしてかかる日数を出す。
　　　・仕事全体を日数の2と3の最小公倍数の6とすると1日の仕事量は…　A→2　B→3
　　　AとBの合計→$2+3=5$　だから，$6 \div 5 = 1.2$日かかる。

図形 ▶ 容器を傾ける問題では，変わらないものに着目する

☐ 閉じた容器では，水一定だけでなく，空気一定にも着目する

【理由】水に比べて，空気が少ないときや，空気のほうが単純な立体になることが多いから

☐ 水位の問題では，逆算だけでなく，相似や比例や逆比が使えないかを考える

【理由】水面が立体の底面と平行になることが多いから
　　　水面は立体の切断面になっていると考えることができるから

ホップ (p.55) ㊲解答

㊲　(1) 2　　(2) 3　　(3) 3　　(4) 128　　(5) 6：4：3

表し方を変えてみよう1

ステップ ㊳ 1回目 月 日 2回目 月 日

(1) $54 \times 35 \div 9 = \boxed{}$ （お茶の水女子大学附属）

(2) $6 \div 0.48 - 1.2 \times \dfrac{25}{12} = \boxed{}$ （神奈川大学附属）

(3) $20 - 17 \div 6 \times 3 = \boxed{}$ （国学院大学久我山）

(4) ある仕事をするのに1日8時間働くと，A，B，Cの3人はそれぞれちょうど6日，8日，12日かかります。A，B，Cの3人で1日8時間働くと，この仕事は◯日と◯時間で終わります。 （西武学園文理）

(5) 図のように，直角三角形の面が2枚と長方形の面が3枚からなる容器に，底から8cmの深さまで水が入っています。これを，三角形ABCが底面となるように置き直すと，水の深さは◯cmになります。 （開智）

㊴ 1回目 月 日 2回目 月 日

(1) $17 \div 15 \times 37 \times 90 \div 85 \div 74 = \boxed{}$ （専修大学松戸）

(2) $(1 + 2 \div 3) \times 0.4 + \dfrac{5}{6} = \boxed{}$ （千葉日本大学第一）

(3) $1 + 2 \div 3 + 4 \times 5 \div 6 + 7 - 8 \div 9 = \boxed{}$ （立正大学付属立正）

(4) ある仕事をするのに，兄は20日，弟は32日かかります。この仕事を兄と弟が協力して5日間おこない，残りは弟だけでおこなうと，全部で◯日かかります。 （東京家政学院）

(5) 水の入った直方体の容器を，右の図のように傾けました。長方形ABCDを底面としたときの水の高さは◯cmです。 （鷗友学園女子）

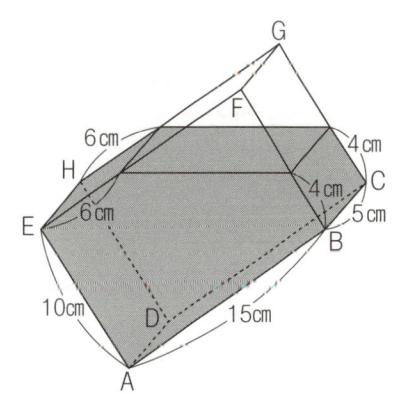

ステップ (p.57) ㊳㊴解答

㊳ (1) **210**　　(2) **10**　　(3) **11.5**　　(4) **2, $5\frac{1}{3}$**　　(5) **$13\frac{1}{3}$**

解説

(1) 左から計算せずに，÷9を×$\frac{1}{9}$に直す。約分を先にすると，かけ算が簡単になる。

$$54 \times 35 \times \frac{1}{9} = 6 \times 35 = 210$$

(2) そのまま計算せずに，÷0.48を÷$\frac{48}{100}$に，つまり×$\frac{25}{12}$に直す。すると 分配法則 が使える。

$$6 \div 0.48 - 1.2 \times \frac{25}{12} = 6 \times \frac{25}{12} - 1.2 \times \frac{25}{12}$$
$$= (6 - 1.2) \times \frac{25}{12} = 10$$

(3) $20 - 17 \div 6 \times 3 = 20 - \frac{17}{6} \times 3$
$$= 20 - 17 \div 2 = 20 - 8.5 = 11.5$$

(4) 仕事全体量を6，8，12の最小公倍数の24と仮定する。

1日のA，B，Cの仕事量は，24÷6＝4，24÷8＝3，24÷12＝2

1日の3人の仕事量の合計は，4＋3＋2＝9となる。

かかる日数は，$24 \div 9 = \frac{24}{9} = \frac{8}{3} = 2\frac{2}{3}$（日）　$8 \times \frac{2}{3} = \frac{16}{3} = 5\frac{1}{3}$（時間）

したがって，2日と$5\frac{1}{3}$時間で終わる。

(5) 閉じた容器は，空気一定に着目する。

水が入っていない部分は三角形ＡＢＣと相似になる。

相似比は(12－8)：12＝1：3だから，面積比は(1×1)：(3×3)＝1：9

だから，水が入っていない部分と容器全体の体積比は(1×15)：(9×15)＝1：9

容器の向きに関係なく，水は，全体の$1 - \frac{1}{9} = \frac{8}{9}$の割合をしめる。

$15 \times \frac{8}{9} = \frac{40}{3} = 13\frac{1}{3}$ (cm)

【別解】水量から逆算する。

水が入っていない部分は三角形ＡＢＣと相似になる。

相似比は(12－8)：12＝1：3

三角形ＡＢＣの中の水面の長さ＝$9 \times \frac{1}{3} = 3$ (cm)

三角形ＡＢＣの中の水が入っている面積＝(3＋9)×8÷2＝48 (cm²)

水量は48×15＝720 (cm³)で，三角形ＡＢＣの面積は9×12÷2＝54 (cm²)なので，

$720 \div 54 = \frac{720}{54} = \frac{40}{3} = 13\frac{1}{3}$ (cm)

㊴ (1) **$\frac{3}{5}$**　　(2) **$1\frac{1}{2}$**　　(3) **$11\frac{1}{9}$**　　(4) **24**　　(5) **8.2**

表し方を変えてみよう1

ジャンプ 40

(1) $\dfrac{1}{3}+\dfrac{1}{9}-\dfrac{1}{12}+\dfrac{1}{18}=\boxed{}$ （筑波大学附属）

(2) $\dfrac{1}{14}+\dfrac{1}{21}+\dfrac{1}{42}+\dfrac{1}{49}=\boxed{}$ （明治大学付属中野八王子）

(3) $\dfrac{7}{13}-\dfrac{14}{31}+\dfrac{228}{2015}=\boxed{}$ （頌栄女子学院）

(4) ある仕事をするのに，A君とB君の2人でおこなうと40分かかります。最初，A君が1人で15分おこなったところ，全体の$\dfrac{1}{4}$が終わりました。残りをB君1人でおこなうと$\boxed{}$分かかります。 （東京都市大学付属）

(5) 図1のように，立方体から直方体を切り取った形の容器に水が入っています。この容器を図2のようにたおすとき，水の深さは$\boxed{}$cmになります。 （東海大学付属相模）

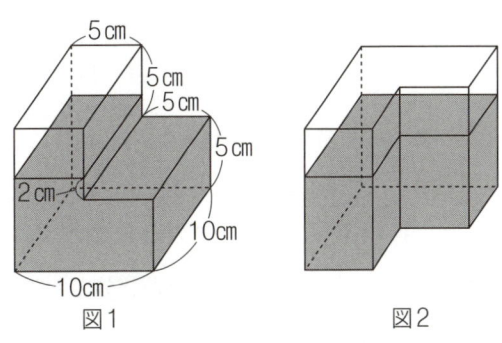

図1　図2

41

(1) $\dfrac{1}{2}+\dfrac{1}{4}+\dfrac{1}{8}+\dfrac{1}{16}+\dfrac{1}{32}=\boxed{}$ （足立学園）

(2) $\dfrac{2}{61}-\dfrac{1}{33}-\dfrac{1}{671}=\boxed{}$ （城北埼玉）

(3) $\dfrac{1}{2}+\dfrac{1}{3}+\dfrac{1}{4}+\dfrac{1}{5}+\dfrac{1}{6}=\dfrac{3\times4\times5\times6+2\times4\times6\times8+2\times3\times5\times\boxed{}}{2\times3\times4\times5\times6}$ （山手学院）

(4) ある仕事をAとBの2人ですると20日間かかります。AとCの2人ですると15日間かかります。この仕事をBとCの2人ですると$\boxed{}$日間かかります。ただし，Aの1日あたりの仕事の量は，Bの1日あたりの仕事の量の半分とします。 （本郷）

(5) 右の図のように，直方体の水そうに，底面に垂直な仕切りを立てます。区切られた部分にそれぞれ同じ量の水を入れると，水の深さは3cmと7cmになりました。このとき，仕切りをとると水の深さは$\boxed{}$cmになります。ただし，仕切りの厚さは考えないものとします。 （鎌倉女学院）

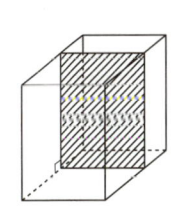

59

ジャンプ (p.59) ㊵㊶解答

㊵ (1) $\dfrac{5}{12}$　(2) $\dfrac{8}{49}$　(3) $\dfrac{1}{5}$　(4) 90　(5) 8

解説

(1) 以下のように，4つの分数を一気に通分すると，あとは分子だけの計算になる。

$$\dfrac{1}{3}+\dfrac{1}{9}-\dfrac{1}{12}+\dfrac{1}{18}=\dfrac{12+4-3+2}{36}=\dfrac{15}{36}=\dfrac{5}{12}$$

(2) 分配法則を使って $\dfrac{1}{7}$ を外に出すと，（　）内の分数の分母を42にして通分することができる。

$$\dfrac{1}{14}+\dfrac{1}{21}+\dfrac{1}{42}+\dfrac{1}{49}=\dfrac{1}{7\times2}+\dfrac{1}{7\times3}+\dfrac{1}{7\times6}+\dfrac{1}{7\times7}$$

$$=\dfrac{1}{7}\times\dfrac{1}{2}+\dfrac{1}{7}\times\dfrac{1}{3}+\dfrac{1}{7}\times\dfrac{1}{6}+\dfrac{1}{7}\times\dfrac{1}{7}$$

$$=\dfrac{1}{7}\times\left(\dfrac{1}{2}+\dfrac{1}{3}+\dfrac{1}{6}+\dfrac{1}{7}\right)$$

$$=\dfrac{1}{7}\times\dfrac{21+14+7+6}{42}=\dfrac{1}{7}\times\dfrac{48}{42}=\dfrac{1}{7}\times\dfrac{8}{7}=\dfrac{8}{49}$$

(3) 素因数分解 ($2015=5\times13\times31$) により，2015で通分できることがわかる。

(4) 仕事量全体を ⑫⓪ とおく。

　⑫⓪ ÷ 40 = ③　……A君とB君が2人で1分にできる仕事量

　⑫⓪ × $\dfrac{1}{4}$ = ㉚　……A君が15分でおこなった仕事量

　㉚ ÷ 15 = ②　……A君が1分でできる仕事量

　③ − ② = ①　……B君が1分でできる仕事量

　(⑫⓪ − ㉚) ÷ ① = 90（分）

(5) 閉じた容器は，空気一定に着目する。

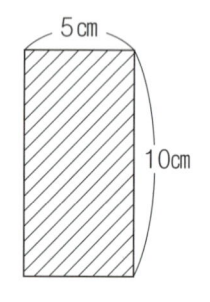

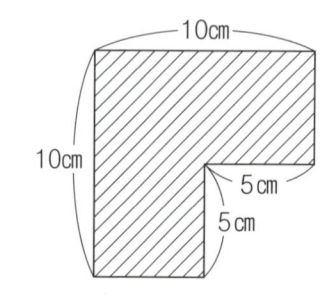

$\begin{cases}底面積 & 5\times10=50(\text{cm}^2)\\高さ & 5-2=3(\text{cm})\end{cases}$　　$\begin{cases}底面積 & 10\times10-5\times5=75(\text{cm}^2)\\高さ & □(\text{cm})\end{cases}$

空気の体積が一定だから，$50\times3=75\times□$　　$□=2$

水位は $10-2=8$（cm）

㊶ (1) $\dfrac{31}{32}$　(2) $\dfrac{2}{2013}$　(3) 10　(4) 12　(5) 4.2

関連問題

表し方を変えてみよう1

42 1回目　月　日　2回目　月　日

□□ (1) $\dfrac{6729}{13458} + \dfrac{3942}{15768} + \dfrac{3187}{25496} = \boxed{}$　（成城学園）

□□ (2) $11 \times 12 \times 13 \times \left(\dfrac{1}{11 \times 12} + \dfrac{1}{12 \times 13} + \dfrac{1}{13 \times 11}\right) = \boxed{}$　（専修大学松戸）

□□ (3) $\dfrac{1}{2} + \dfrac{1}{3} + \dfrac{1}{4} + \dfrac{1}{5} + \dfrac{1}{6} + \dfrac{1}{7} + \dfrac{1}{8} + \dfrac{1}{9} - \dfrac{3}{40} + \dfrac{31}{126} = \boxed{}$　（立教女学院）

□□ (4) 太郎くんと花子さんの2人がある仕事をしました。太郎くんは「6日働いて1日休む」という働き方をくり返して，仕事を始めてから20日目にちょうど仕事を終えました。花子さんは「3日働いて1日休む」という働き方をくり返して，仕事を始めてから39日目にちょうど仕事を終えました。この仕事を2人ですると，仕事を始めてから□日目に仕事を終えます。ただし，2人の働き方はそれぞれ1人で働いたときと同じとします。

（横浜雙葉）

□□ (5) 図1のように大きな直方体から小さな直方体をのぞいた形の容器があります。
この容器は1番上の面があいていて，すでに水がいっぱいに入っています。辺CDを床につけたまま図2のように容器を傾け，BEが3cmになるまで水をこぼします。次に辺ABを床につけたまま図3のように容器を傾けたとき，CFの長さは□cmです。

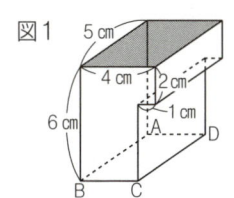

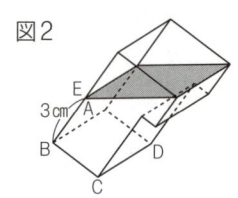

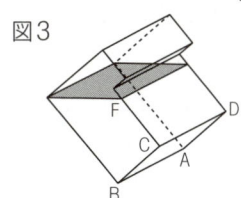

図1　　図2　　図3

（青山学院）

探究しよう！

計算 ・分母に1以外の最大公約数があったらどうする？

【例】$\dfrac{1}{33} + \dfrac{1}{55} + \dfrac{1}{77} = \dfrac{1}{11} \times \dfrac{1}{3} + \dfrac{1}{11} \times \dfrac{1}{5} + \dfrac{1}{11} \times \dfrac{1}{7} = \dfrac{1}{11} \times \left(\dfrac{1}{3} + \dfrac{1}{5} + \dfrac{1}{7}\right)$
$= \dfrac{1}{11} \times \dfrac{5 \times 7 + 3 \times 7 + 3 \times 5}{3 \times 5 \times 7}$

・通分の書き方は，かけた結果を書くしかないのか？

【例】$\dfrac{1}{15} + \dfrac{1}{35} + \dfrac{1}{21} = \dfrac{1}{3 \times 5} + \dfrac{1}{5 \times 7} + \dfrac{1}{7 \times 3} = \dfrac{7 + 3 + 5}{3 \times 5 \times 7}$　【例】$\dfrac{95}{247} = \dfrac{5 \times 19}{13 \times 19} = \dfrac{5}{13}$

・約分しにくいときはどうする？

分母と分子を相互に割って余りがなくなるまで割ると約分できる（ユークリッドの互除法）

【例】$\dfrac{2311}{6933}$　$6933 \div 2311 = 3$ だから　$\dfrac{2311}{6933} = \dfrac{2311 \div 2311}{6933 \div 2311} = \dfrac{1}{3}$

【例】$\dfrac{462}{1001} = 1 \div \dfrac{1001}{462} = 1 \div 2 \dfrac{77}{462}$　$462 \div 77 = 6$ だから　$\dfrac{462}{1001} = \dfrac{462 \div 77}{1001 \div 77} = \dfrac{6}{13}$

関連問題 (p.61) ㊷解答

㊷ (1) $\dfrac{7}{8}$ (2) **36** (3) **2** (4) **13** (5) $3\dfrac{1}{3}$

解説

(1) $13458 \div 6729 = 2$，$15768 \div 3942 = 4$，$25496 \div 3187 = 8$ に気づきたい。

$$\dfrac{6729}{13458} + \dfrac{3942}{15768} + \dfrac{3187}{25496} = \dfrac{1}{2} + \dfrac{1}{4} + \dfrac{1}{8}$$
$$= \dfrac{4+2+1}{8} = \dfrac{7}{8}$$

(2) 通分の分母を1つにして書くと，あとで約分しやすくなる。

$$11 \times 12 \times 13 \times \left(\dfrac{1}{11 \times 12} + \dfrac{1}{12 \times 13} + \dfrac{1}{13 \times 11}\right) = 11 \times 12 \times 13 \times \dfrac{13+11+12}{11 \times 12 \times 13}$$
$$= 36$$

(3) $126 = 7 \times 18 = 7 \times 9 \times 2$，$40 = 5 \times 8$ に着目して，分数を2種類に分けて通分する。

$$\dfrac{1}{2} + \dfrac{1}{3} + \dfrac{1}{4} + \dfrac{1}{5} + \dfrac{1}{6} + \dfrac{1}{7} + \dfrac{1}{8} + \dfrac{1}{9} - \dfrac{3}{40} + \dfrac{31}{126}$$
$$= \dfrac{1}{2} + \dfrac{1}{4} + \dfrac{1}{5} + \dfrac{1}{8} - \dfrac{3}{40} + \dfrac{1}{3} + \dfrac{1}{6} + \dfrac{1}{7} + \dfrac{1}{9} + \dfrac{31}{126}$$
$$= \dfrac{20+10+8+5}{40} - \dfrac{3}{40} + \dfrac{42+21+18+14}{126} + \dfrac{31}{126}$$
$$= \dfrac{40}{40} + \dfrac{126}{126} = 1 + 1 = 2$$

(4) 仕事を終えるまでに働いた日数を求め，1日当たりの仕事量を考える。

$\begin{cases} 太郎\cdots\cdots 20 \div (6+1) = 2 \text{余り} 6 \rightarrow 6 \times 2 + 6 = 18 (日) \\ 花子\cdots\cdots 39 \div (3+1) = 9 \text{余り} 3 \rightarrow 3 \times 9 + 3 = 30 (日) \end{cases}$

$(1 \div 18) : (1 \div 30) = \dfrac{1}{18} : \dfrac{1}{30} = ⑤ : ③$ ……太郎と花子の1日当たりの仕事量の比

$⑤ \times 18 = ⑨⓪$ ……全体の仕事量

表を利用して，仕事量の合計が⑨⓪になるときを調べる。

日数	1	2	3	4	5	6	7	8	9	10	11	12	13	(日)
太郎	○	○	○	○	○	○	×	○	○	○	○	○	○	
花子	○	○	○	×	○	○	×	○	○	×	○	○	○	
仕事量	⑧	⑧	⑧	⑤	⑧	⑧	③	⑤	⑧	⑤	⑧	⑧	⑤	⑧

$⑧ \times 9 + ⑤ \times 3 + ③ \times 1 = ⑨⓪$ より，13日目とわかる。

(5) $6 \times (4-1) \times 5 + 2 \times 1 \times 5 = 100 (\text{cm}^3)$ ……容器に入っていた水の量

$3 \times 4 \div 2 \times 5 = 30 (\text{cm}^3)$ ……こぼれた水の量

$100 - 30 = 70 (\text{cm}^3)$ ……残った水の量

CFの長さを□(cm)とすると，

(□ + 6) × 3 ÷ 2 × 5 = 70

$\square = 3\dfrac{1}{3}$ (cm)

視点 III 表し方を変えてみよう……2

8 …単位分数分解／積一定と逆比／展開図

基本チェック

計算 ▶ 分母の差が1の，2つの数の積になる単位分数は，単位分数の差で表せる

☑ 分子が1の分数を**単位分数**という。正しい等式は逆順に書いても正しい

$$\frac{1}{□} - \frac{1}{□+1} = \frac{□+1-□}{□×(□+1)} = \frac{1}{□×(□+1)} \Rightarrow \frac{1}{□×(□+1)} = \frac{1}{□} - \frac{1}{□+1}$$

【例】$\frac{1}{4} - \frac{1}{5} = \frac{5-4}{4×5} = \frac{1}{20}$ ➡ $\frac{1}{20} = \frac{5-4}{4×5} = \frac{1}{4} - \frac{1}{5}$

文章題 ▶ 「道のり一定」なら，「速さ」と「時間」は<u>反比例（逆比）</u>の関係

図形 ▶ 立体の展開図は対応する部分をはっきりさせる

☑ 立体の表面積は展開図の面積である

ホップ ㊸

(1) $\left(1-\frac{1}{2}\right)+\left(\frac{1}{2}-\frac{1}{3}\right)+\left(\frac{1}{3}-\frac{1}{4}\right)=\boxed{}$ （春日部共栄）

(2) $\frac{1}{5×6}+\frac{1}{6×7}+\frac{1}{7×8}+\frac{1}{8×9}=\boxed{}$ （成城学園）

(3) $\frac{1}{10×11}+\frac{1}{11×12}+\frac{1}{12×13}+\frac{1}{13×14}=\boxed{}$ （千葉日本大学第一）

(4) ジロウ君とシュウ子さんが同じ道のりを歩くのに，ジロウ君は1時間45分，シュウ子さんは2時間30分かかります。この速さでシュウ子さんが3.5km歩く間に，ジロウ君は $\boxed{}$ km歩くことができます。 （自修館）

(5) 右の展開図で表される立体の表面積は $\boxed{}$ cm²です。ただし，円周率は3.14とします。 （自修館）

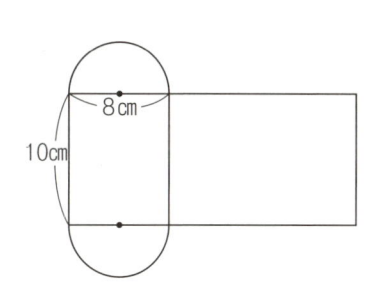

視点チェック

計算 ▶ 分子が○で，分母が差が○の2つの数の積になる分数は，単位分数の差で表せる

☐ 正しい等式は逆順に書いても正しい

$$\frac{1}{\square} - \frac{1}{\square+\bigcirc} = \frac{\square+\bigcirc-\square}{\square\times(\square+\bigcirc)} = \frac{\bigcirc}{\square\times(\square+\bigcirc)} \;\;\Rightarrow\;\; \frac{\bigcirc}{\square\times(\square+\bigcirc)} = \frac{1}{\square} - \frac{1}{\square+\bigcirc}$$

【例】$\dfrac{1}{3} - \dfrac{1}{5} = \dfrac{5-3}{3\times 5} = \dfrac{2}{15}$ ➡ $\dfrac{2}{15} = \dfrac{5-3}{3\times 5} = \dfrac{1}{3} - \dfrac{1}{5}$

【例】$\dfrac{1}{3} - \dfrac{1}{5} + \dfrac{1}{5} - \dfrac{1}{7} = \dfrac{2}{15} + \dfrac{2}{35}$ ➡ $\dfrac{2}{15} + \dfrac{2}{35} = \dfrac{1}{3} \boxed{-\dfrac{1}{5}+\dfrac{1}{5}} - \dfrac{1}{7} = \dfrac{1}{3} - \dfrac{1}{7} = \dfrac{4}{21}$

打ち消しあう！

文章題 ▶ 同じ「道のり」なら，「速さ」か「時間」の情報を逆比に変えて使う

☐ 同じ道のりなら，速さの情報を逆比にすると，時間の比になる
☐ 同じ道のりなら，時間の情報を逆比にすると，速さの比になる

【例】行きに2時間，帰りに3時間かかると，速さの比は
　　　行き：帰り＝3：2　（逆比）

【例】家から学校まで行く速さが時速8kmと時速6kmでは，
　　　かかる時間の比が3：4（逆比）になる。
　　　だから，かかる時間の差は④－③＝①にあたる。

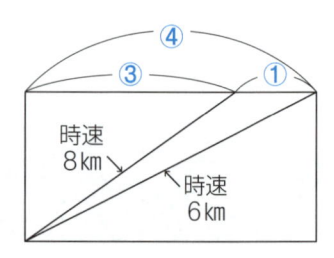

図形 ▶ 複雑な立体は，「分ける」「のばす」「変形する」で，単純な図形を使って表す

☐ 円すいの側面はおうぎ形になる
☐ 側面のおうぎ形の半径を母線という

$$\dfrac{半径}{母線} = \dfrac{中心角}{360}$$

【理由】弧の長さは，半径と中心角の積に比例する。
　　　　側面の弧と円周が等しいから，
　　　　半径の比率$\left(\dfrac{母線}{半径}\right)$×中心角の比率$\left(\dfrac{中心角}{360}\right)=1$
　　　　となる。

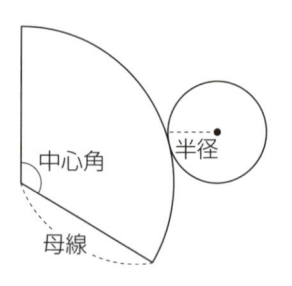

ホップ (p.63) ㊸解答

㊸ (1) $\dfrac{3}{4}$　(2) $\dfrac{4}{45}$　(3) $\dfrac{1}{35}$　(4) 5　(5) 255.84

ステップ 44

(1) $2.8 \times \left(\dfrac{1}{3} + \dfrac{1}{12} + \dfrac{1}{20} + \dfrac{1}{30}\right) \div \dfrac{7}{5} = \boxed{}$ （共立女子）

(2) $\dfrac{2-1}{2\times1} + \dfrac{3-2}{3\times2} + \dfrac{4-3}{4\times3} + \dfrac{5-4}{5\times4} + \dfrac{6-5}{6\times5} + \dfrac{7-6}{7\times6} = \boxed{}$ （豊島岡女子学園）

(3) $\dfrac{1}{3\times5} = \left(\dfrac{1}{3} - \dfrac{1}{5}\right) \div 2$ であることを参考にして，次の計算をしなさい。

$\dfrac{1}{7\times9} + \dfrac{1}{9\times11} + \dfrac{1}{11\times13} + \dfrac{1}{13\times15} + \dfrac{1}{15\times17} + \dfrac{1}{17\times19} + \dfrac{1}{19\times21} = \boxed{}$ （中央大学附属）

(4) 毎時40kmでAからBに移動すると予定より3時間おくれ，毎時48kmでAからBに移動すると予定より1時間40分おくれます。予定通りにBに着くためには，Aから毎時 $\boxed{}$ kmでBに移動しなければなりません。 （東京都市大学付属）

(5) 右の図は，ある立体の展開図です。この立体の表面積は $\boxed{}$ cm²です。ただし，円周率は3.14とします。 （足立学園）

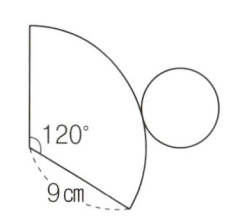

ステップ 45

(1) $\dfrac{1}{12} + \dfrac{1}{20} + \dfrac{19}{24} + \dfrac{1}{30} + \dfrac{1}{42} + \dfrac{1}{56} = \boxed{}$ （立教女学院）

(2) $\dfrac{1}{6} + \dfrac{1}{12} + \dfrac{1}{20} + \dfrac{1}{30} + \dfrac{1}{42} = \boxed{}$ （日本大学藤沢）

(3) ① $\dfrac{1}{9} \times \dfrac{1}{11} = \boxed{}$　② $\dfrac{1}{9} - \dfrac{1}{11} = \boxed{}$　③ $\dfrac{1}{3} + \dfrac{1}{15} + \dfrac{1}{35} + \dfrac{1}{63} + \dfrac{1}{99} = \boxed{}$ （早稲田大学高等学院）

(4) Aさんが家から駅まで歩くのに，毎分78mの速さで歩くと予定の2分前に着きますが，毎分65mの速さで歩くと3分おくれて着きます。家から駅までは $\boxed{}$ mあります。 （明治大学付属明治）

(5) 図アは1辺の長さが6cmの立方体ABCD－EFGHを，3つの頂点B，D，Eを通る平面で切り取った残りの立体の見取り図です。また，図イはその展開図です。残った立体を3つの頂点B，G，Hを通る平面で切りました。切り口の線を図イに書き込みなさい。 （日本大学藤沢）

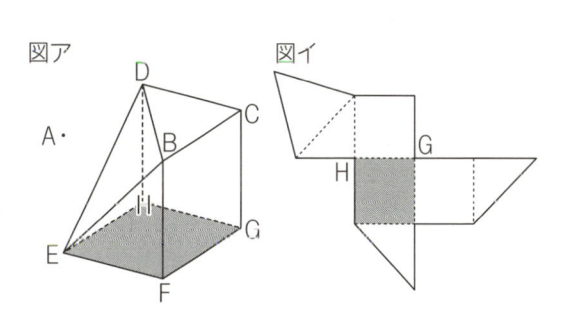

ステップ (p.65) ㊸㊹解答

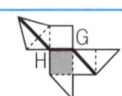

㊸ (1) 1　　(2) $\dfrac{6}{7}$　　(3) $\dfrac{1}{21}$　　(4) 64　　(5) 113.04

解説

(1) （　）$= \dfrac{1}{3} + \dfrac{1}{12} + \dfrac{1}{20} + \dfrac{1}{30} = \dfrac{1}{3} + \dfrac{1}{3 \times 4} + \dfrac{1}{4 \times 5} + \dfrac{1}{5 \times 6}$

$\qquad = \dfrac{1}{3} + \dfrac{1}{3} \boxed{- \dfrac{1}{4} + \dfrac{1}{4} - \dfrac{1}{5} + \dfrac{1}{5}} - \dfrac{1}{6} = \dfrac{1}{3} + \dfrac{1}{3} - \dfrac{1}{6} = \dfrac{1}{2}$

$2.8 \times \dfrac{1}{2} \div \dfrac{7}{5} = 1.4 \div 1.4 = 1$

(2) $\dfrac{1}{1} \boxed{- \dfrac{1}{2} + \dfrac{1}{2} - \dfrac{1}{3} + \dfrac{1}{3} - \dfrac{1}{4} + \dfrac{1}{4} - \dfrac{1}{5} + \dfrac{1}{5} - \dfrac{1}{6} + \dfrac{1}{6}} - \dfrac{1}{7} = \dfrac{1}{1} - \dfrac{1}{7} = \dfrac{6}{7}$

(3) $\dfrac{1}{7 \times 9} + \dfrac{1}{9 \times 11} + \dfrac{1}{11 \times 13} + \dfrac{1}{13 \times 15} + \dfrac{1}{15 \times 17} + \dfrac{1}{17 \times 19} + \dfrac{1}{19 \times 21}$

$= \left(\dfrac{1}{7} \boxed{- \dfrac{1}{9} + \dfrac{1}{9} - \dfrac{1}{11} + \dfrac{1}{11} - \dfrac{1}{13} + \dfrac{1}{13} - \dfrac{1}{15} + \dfrac{1}{15} - \dfrac{1}{17} + \dfrac{1}{17} - \dfrac{1}{19} + \dfrac{1}{19}} - \dfrac{1}{21} \right) \div 2$

$= \left(\dfrac{1}{7} - \dfrac{1}{21} \right) \div 2 = \left(\dfrac{3}{21} - \dfrac{1}{21} \right) \div 2 = \dfrac{1}{21}$

(4) 速さ×時間＝ＡＢ間の距離。

「積一定」だから，速さと時間は反比例（逆比）の関係になる。

速さの比は 40：48 ＝ 5：6 なので，時間の比は 6：5。

時間の比の差の 6 − 5 ＝ 1 が 3時間 − 1時間40分 ＝ 1時間20分 にあたる。

時速40kmでＡＢ間にかかる時間は6にあたるから，1時間20分×6 ＝ 6時間120分 ＝ 8時間。

ＡＢ間は 40×8 ＝ 320(km)。

予定ではＡＢ間に 8 − 3 ＝ 5時間 かかるから，

予定通りでつくための時速は 320÷5 ＝ 64(km／時)。

(5) 円すいの側面は，展開図ではおうぎ形になる。

見取り図では底面の周と側面の周が一致するから，展開図では円周＝おうぎ形の弧となる。

底面の半径は，□×2×3.14 ＝ 9×2×3.14×$\dfrac{120}{360}$ で，9×$\dfrac{120}{360}$ ＝ 3(cm)

表面積は，底面積＋側面積 ＝ 3×3×3.14 ＋ 9×9×3.14×$\dfrac{120}{360}$

$\qquad\qquad = 9×3.14 ＋ 27×3.14 ＝ 36×3.14 ＝ 113.04$(cm²)

【別解】 半径×中心角の積が一定だから，半径の比と中心角の比は逆比。

底面と側面の中心角の比　→　360：120 ＝ 3：1

底面と側面の半径の比　→　1：3　（積一定だから逆比）

9×$\dfrac{1}{3}$ ＝ 3(cm)　……半径

$\dfrac{半径}{母線} = \dfrac{中心角}{360}$ から，$\boxed{側面積}$ ＝ 母線×母線×円周率×$\dfrac{半径}{母線}$ ＝ $\boxed{母線×半径×円周率}$

円すいの表面積 ＝ (3×3 ＋ 9×3)×3.14 ＝ 36×3.14 ＝ 113.04(cm²)

㊹ (1) 1　　(2) $\dfrac{5}{14}$　　(3) ① $\dfrac{1}{99}$　② $\dfrac{2}{99}$　③ $\dfrac{5}{11}$　　(4) 1950　　(5)

表し方を変えてみよう2

ジャンプ 46

(1) $\dfrac{1}{2}\times\left(\dfrac{1}{3}-\dfrac{1}{5}\right)+\dfrac{1}{4\times6}+\dfrac{1}{5\times7}+\dfrac{1}{6\times8}+\dfrac{1}{7\times9}=\boxed{}$ （鎌倉学園）

(2) $\dfrac{1}{2\times5}+\dfrac{1}{5\times8}+\dfrac{1}{8\times11}+\dfrac{1}{11\times14}+\dfrac{1}{14\times17}=\boxed{}$ （山手学院）

(3) $\left(1-\dfrac{1}{3}\right)+\left(\dfrac{1}{2}-\dfrac{1}{4}\right)+\left(\dfrac{1}{3}-\dfrac{1}{5}\right)+\cdots+\left(\dfrac{1}{8}-\dfrac{1}{10}\right)+\left(\dfrac{1}{9}-\dfrac{1}{11}\right)=\boxed{}$ （共立女子）

(4) あやかさんは線路沿いの道を時速6kmで歩いています。向かいからやってくる電車には14分ごとに出会い，うしろからやってくる電車には18分ごとに追いこされます。電車の速さはどれも同じで，電車と電車の間かくもどれも同じとすると，電車は時速 ◻ kmで走っています。 （成城学園）

(5) 右の図は，ある立体の展開図です。周りの長さが56.56cmのとき，次の①，②の問いに答えなさい。ただし，底面は半径が6cmの円の一部分で，円周率は3.14とします。
① あの部分の長さは ◻ cmです。
② いの角の大きさは ◻ 度です。
（日本女子大学附属）

ジャンプ 47

(1) $\dfrac{3}{1\times4}+\dfrac{3}{4\times7}+\dfrac{3}{7\times10}+\dfrac{3}{10\times13}=\boxed{}$ （東京都市大学等々力）

(2) $\dfrac{5}{4\times9}+\dfrac{7}{9\times16}+\dfrac{9}{16\times25}+\dfrac{11}{25\times36}=\boxed{}$ （鎌倉学園）

(3) $\dfrac{9}{4\times7}+\dfrac{9}{7\times10}+\dfrac{9}{10\times13}=\boxed{}$ （江戸川女子）

(4) 公園の周りに1周2.4kmのジョギングコースがあります。このコースをAさんとBさんが同じ地点から同時に出発します。同じ方向に進むとAさんは1周おくれのBさんに40分後に追いつき，反対方向へ進むと8分後に出会います。Aさんの速さは分速 ◻ mです。 （大妻嵐山）

(5) 右の図は，ある四角柱の展開図です。この四角柱の表面積が216cm²のとき，体積は ◻ cm³です。
（吉祥女子）

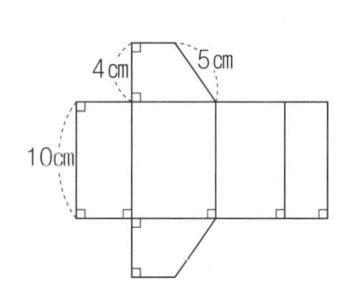

ジャンプ (p.67) ㊻㊼解答

㊻ (1) $\dfrac{25}{144}$　(2) $\dfrac{5}{34}$　(3) $1\dfrac{17}{55}$　(4) 48　(5) ①3.14　②30

解説

(1) $\dfrac{1}{2}\times\left(\dfrac{1}{3}-\dfrac{1}{5}\right)=\dfrac{1}{15}=\dfrac{1}{3\times5}$　この関係から,

$\dfrac{1}{2}\times\left(\dfrac{1}{3}-\dfrac{1}{5}\right)+\dfrac{1}{4\times6}+\dfrac{1}{5\times7}+\dfrac{1}{6\times8}+\dfrac{1}{7\times9}$

$=\dfrac{1}{2}\times\left(\dfrac{1}{3}\boxed{-\dfrac{1}{5}}+\dfrac{1}{4}\boxed{-\dfrac{1}{6}+\dfrac{1}{5}-\dfrac{1}{7}-\dfrac{1}{6}}-\dfrac{1}{8}\boxed{+\dfrac{1}{7}}-\dfrac{1}{9}\right)$

$=\dfrac{1}{2}\times\left(\dfrac{1}{3}+\dfrac{1}{4}-\dfrac{1}{8}-\dfrac{1}{9}\right)=\dfrac{1}{2}\times\left(\dfrac{24+18-9-8}{72}\right)=\dfrac{1}{2}\times\dfrac{25}{72}=\dfrac{25}{144}$

(2) $\dfrac{3}{2\times5}+\dfrac{3}{5\times8}+\dfrac{3}{8\times11}+\dfrac{3}{11\times14}+\dfrac{3}{14\times17}$

$=\dfrac{1}{2}-\dfrac{1}{5}+\dfrac{1}{5}-\dfrac{1}{8}+\dfrac{1}{8}-\dfrac{1}{11}+\dfrac{1}{11}-\dfrac{1}{14}+\dfrac{1}{14}-\dfrac{1}{17}$　だから,

$\dfrac{1}{2\times5}+\dfrac{1}{5\times8}+\dfrac{1}{8\times11}+\dfrac{1}{11\times14}+\dfrac{1}{14\times17}$

$=\dfrac{1}{3}\times\left(\dfrac{1}{2}\boxed{-\dfrac{1}{5}+\dfrac{1}{5}-\dfrac{1}{8}+\dfrac{1}{8}-\dfrac{1}{11}+\dfrac{1}{11}-\dfrac{1}{14}+\dfrac{1}{14}}-\dfrac{1}{17}\right)=\dfrac{1}{3}\times\left(\dfrac{1}{2}-\dfrac{1}{17}\right)=\dfrac{1}{3}\times\dfrac{15}{34}=\dfrac{5}{34}$

(3) $\left(1-\dfrac{1}{3}\right)+\left(\dfrac{1}{2}-\dfrac{1}{4}\right)+\left(\dfrac{1}{3}-\dfrac{1}{5}\right)+\cdots+\left(\dfrac{1}{8}-\dfrac{1}{10}\right)+\left(\dfrac{1}{9}-\dfrac{1}{11}\right)$

かっこをはずして同じ分数を打ち消しあう。$\dfrac{1}{3}$から$\dfrac{1}{9}$までは消える。残りは

$1+\dfrac{1}{2}-\dfrac{1}{10}-\dfrac{1}{11}=1\dfrac{55-11-10}{110}=1\dfrac{17}{55}$

(4) 電車間の道のりを1とする。

$1\div($電車の速さ＋あやかの速さ$)=14$分

$1\div($電車の速さ－あやかの速さ$)=18$分

ここで, 道のりが同じときに時間と速さが逆比になることを利用する。

速さの比　→　（電車＋あやか）：（電車－あやか）＝18：14＝9：7

電車を大, あやかを小とすると, 和が9, 差が7の和差算。

速さの比　→　電車：あやか＝(9＋7)÷2：(9－7)÷2＝8：1

電車の時速　→　6(km／時)×8＝48(km／時)

(5)① 図1より あ にあたる部分の合計は

　　56.56－(6×4＋10×2)＝12.56(cm)

　　あ ＝12.56÷4＝3.14(cm)

② 組み立てると図2のようになる。

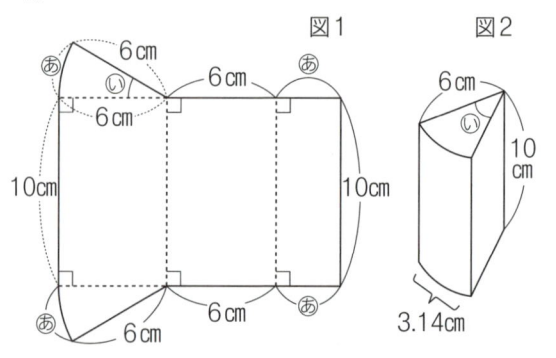

　　$6\times2\times3.14\times\dfrac{ⓘ}{360}=3.14$(cm)

　　$12\times\dfrac{ⓘ}{360}=1$

　　ⓘ ＝1÷12×360＝30(度)

㊼ (1) $\dfrac{12}{13}$　(2) $\dfrac{2}{9}$　(3) $\dfrac{27}{52}$　(4) 180　(5) 180

関連問題

表し方を変えてみよう2

48 1回目 月 日 2回目 月 日

(1) $\dfrac{1}{2\times 3\times 4}+\dfrac{1}{3\times 4\times 5}+\dfrac{1}{4\times 5\times 6}=\boxed{}$ （東京農業大学第一）

(2) $\dfrac{1}{4}+\dfrac{1}{28}+\dfrac{1}{70}+\dfrac{1}{130}+\dfrac{1}{208}=\boxed{}$ （立教女学院）

(3) $\dfrac{1}{2\times 4}-\dfrac{1}{4\times 6}-\dfrac{1}{6\times 8}-\dfrac{1}{8\times 10}=\boxed{}$ （東京農業大学第一）

(4) A地点とB地点の間にはまっすぐな道があり，48km離れています。太郎と次郎はA地点からB地点に向かって，花子はB地点からA地点に向かって，8時に出発しました。太郎は時速5km，次郎は時速8km，花子は時速9kmで進みます。次郎の位置が太郎の位置と花子の位置のちょうど真ん中になるのは，□時□分です。 （早稲田）

(5) 右の図のように，1辺の長さが12cmの正方形の紙を点線で折り曲げて，三角すいを作ります。点B，点Cは辺の真ん中の点です。次の問いに答えなさい。 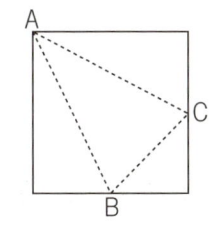
① 三角すいの体積は□cm³です。ただし，三角すいの体積は（底面積）×（高さ）÷3で求めることができます。
② 三角形ABCを底面とするときの三角すいの高さは□cmです。 （立教女学院）

探究しよう！

図形 ▶ 展開図から見取り図をかくときは，何を注意すればいい？

・対応する辺と頂点(名)をはっきりさせる
・1つの頂点にあつまる面の数と角度を意識する
・直角は高さに使えないか？
・立方体や直方体などを切断してできた立体ではないか？

【例】

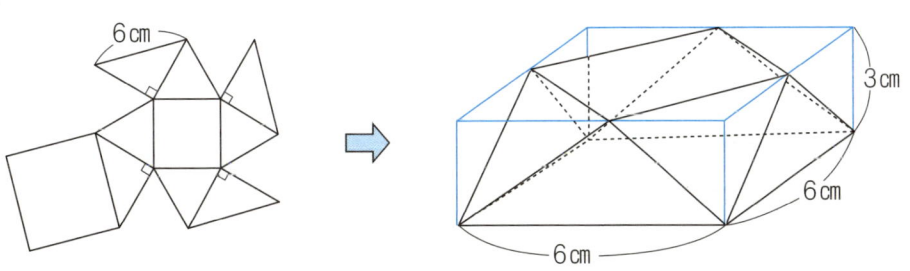

※6×6×3の直方体から，4つの三角すいを取り除いた形

関連問題 (p.69) ㊽解答

㊽ (1) $\dfrac{1}{15}$　　(2) $\dfrac{5}{16}$　　(3) $\dfrac{1}{20}$　　(4) 10,24　　(5) ①72　②4

解説

(1) 通分してもよい。

$$\dfrac{1}{2\times 3\times 4}+\dfrac{1}{3\times 4\times 5}+\dfrac{1}{4\times 5\times 6}=\dfrac{5+2+1}{4\times 5\times 6}=\dfrac{8}{4\times 5\times 6}=\dfrac{1}{15}$$

(2) $\dfrac{1}{4}+\dfrac{1}{28}+\dfrac{1}{70}+\dfrac{1}{130}+\dfrac{1}{208}$

$=\left(\dfrac{4-1}{1\times 4}+\dfrac{7-4}{4\times 7}+\dfrac{10-7}{7\times 10}+\dfrac{13-10}{10\times 13}+\dfrac{16-13}{13\times 16}\right)\div 3$

$=\left(\dfrac{1}{1}-\dfrac{1}{4}+\dfrac{1}{4}-\dfrac{1}{7}+\dfrac{1}{7}-\dfrac{1}{10}+\dfrac{1}{10}-\dfrac{1}{13}+\dfrac{1}{13}-\dfrac{1}{16}\right)\div 3=\left(\dfrac{1}{1}-\dfrac{1}{16}\right)\div 3=\dfrac{5}{16}$

(3) $\dfrac{1}{2\times 4}-\dfrac{1}{4\times 6}-\dfrac{1}{6\times 8}-\dfrac{1}{8\times 10}$

$=\left(\dfrac{4-2}{2\times 4}-\dfrac{6-4}{4\times 6}-\dfrac{8-6}{6\times 8}-\dfrac{10-8}{8\times 10}\right)\div 2$

$=\left(\dfrac{1}{2}-\dfrac{1}{4}-\dfrac{1}{4}+\dfrac{1}{6}-\dfrac{1}{6}+\dfrac{1}{8}-\dfrac{1}{8}+\dfrac{1}{10}\right)\div 2=\dfrac{1}{10}\div 2=\dfrac{1}{20}$

(4) 5：8：9　……太郎,次郎,花子が同じ時間に進む道のりの比

問題の状況を線分図で表すと,下図のようになる。

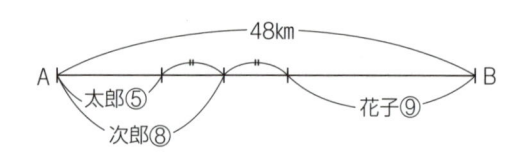

⑤＋(⑧－⑤)×2＋⑨＝⑳……48kmにあたる

⑤＝48×$\dfrac{⑤}{⑳}$＝12(km)……太郎が進んだ道のり

12÷5＝2.4(時間)……太郎が進んだ時間

8時＋2.4時間＝10時24分

【別解】太郎と次郎の差だけ,次郎よりも先を進むシャドー(架空の人)を考える。

シャドーと花子が出会う時間を出せばよい。

シャドーの時速は8＋(8－5)＝11(km)

48÷(11＋9)＝2.4(時間後)　以下同上。

(5)① 12÷2＝6(cm)　……底面の直角二等辺三角形の辺の長さ

6×6÷2＝18(c㎡)　……底面積

18×12×$\dfrac{1}{3}$＝72(c㎡)　……三角すいの体積

② 12×12－(18＋12×6÷2×2)＝144－90＝54(c㎡)　……三角形ＡＢＣの面積

54×高さ×$\dfrac{1}{3}$＝72(c㎡)　……三角すいの体積

高さ＝72÷$\dfrac{1}{3}$÷54＝4(cm)

【別解】右図のように中点を結ぶ線と対角線により,ＡＤは4等分される。

面積比は,三角形ＢＣＤ：三角形ＢＣＡ＝1：3

体積一定だから,高さ比は底面積比の逆比。

高さ＝12÷3＝4(cm)

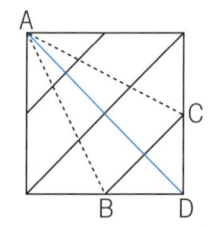

Ⅲ 表し方を変えてみよう……3

9…小数を分数に／積一定と平均／立体と相似

基本チェック

計算 ▶ 小数第1位までの小数は，分母が10の分数に直して約分する

文章題 ▶ 売買・濃度では，積一定に着目して逆比を使う
- ☐ 個数×1個の利益＝「利益の合計」が一定ならば，個数と1個の利益は逆比
- ☐ 食塩水全体×濃度＝「食塩」が一定ならば，食塩水全体と濃度は逆比

図形 ▶ 立体の切断では，すいの体積と相似を使う
- ☐ 柱の体積＝底面積×高さ
- ☐ すいの体積＝底面積×高さ×$\frac{1}{3}$
- ☐ 面積比は相似比の2乗，体積比は相似比の3乗

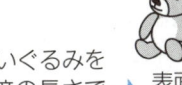

ぬいぐるみを3倍の長さで作ると…
表面積3×3＝9倍
体積3×3×3＝27倍

ホップ 49

(1) $0.7 \times \left(\frac{3}{4} + 0.5\right) \div \frac{7}{8} = \boxed{}$ （多摩大学附属聖ヶ丘）

(2) $7.6 - 5.6 \div \frac{7}{8} = \boxed{}$ （東京学芸大学附属竹早）

(3) $2 \div \left(\frac{4}{5} - 0.5\right) - \frac{8}{3} = \boxed{}$ （森村学園）

(4) 8％の食塩水400gから ☐ gの水を蒸発させると10％の食塩水になります。 （開智）

(5) 右の図のような，立方体から三角すいを切り取った立体の体積は ☐ cm³です。 （明治学院）

12cm，12cm，12cm

視点チェック

計算 ▶ よく見かける小数は，すぐに分数に変えてみる

【例】 $0.25 \to \dfrac{1}{4}$ $0.5 \to \dfrac{1}{2}$ $0.75 \to \dfrac{3}{4}$

【例】 **イニコ**　　　**ミナコ**　　　**ムニコ**　　　**ハナコ**
　　 $0.125 \to \dfrac{1}{8}$ $0.375 \to \dfrac{3}{8}$ $0.625 \to \dfrac{5}{8}$ $0.875 \to \dfrac{7}{8}$

文章題 ▶ 基準にするものを明確にして，文章を図におきかえてみる

☑ **利益**とは，売って入ったお金と，仕入れに使ったお金の差のこと

　【例】原価の2割の利益を見込んで定価をつける。
　　　　定価の1割引きで売るときの利益は原価のどれだけか。
　　　原価＝1とすると，
　　　　定価＝1×(1＋0.2)＝1.2
　　　　売値＝定価×(1－0.1)＝1.2×0.9＝1.08
　　　　利益＝1.08－1＝0.08

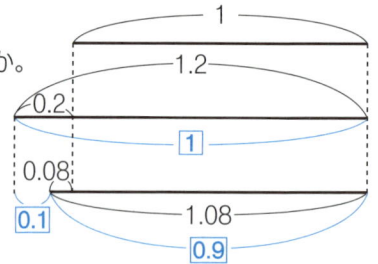

☑ 売り上げ総額と仕入れ総額が等しいと**利益が0**になる

　【例】原価：売値＝3：5　で，
　　　　仕入れ個数：売れた個数＝5：3（逆比）なら，
　　　　原価×仕入れ個数＝売値×売れた個数
　　　　だから，利益は0になる

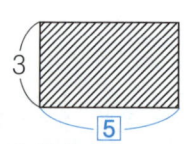

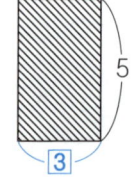

☑ **濃度**の問題では，状況に応じて，自分のわかりやすい図を使う

　【例】複数の容器の食塩水のうつし変えをたどるには，**ビーカー図**が便利
　【例】混合比の逆算を素早く計算するには，**てんびん図**が便利
　【例】食塩の量と濃度の意味づけを利用するには，**面積図**が便利
　【例】逆算ではなく，2つをただ混ぜるだけの計算なら，図は不要

図形 ▶ 切断した立体は，線をのばして単純な図形をかき込む

☑ すいからすいを取り去った立体を**すい台**という

　【例】すいから半分の高さのすいを取り去る。
　　　　すい台の体積は，もとのすいの $\dfrac{7}{8}$
　　　　$1 - \dfrac{1 \times 1 \times 1}{2 \times 2 \times 2} = \dfrac{7}{8}$

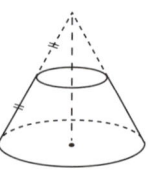

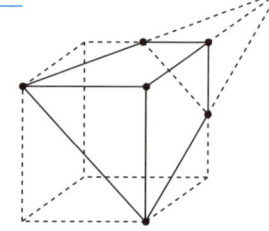

ホップ (p.71) ㊾解答

㊾ (1) 1　　(2) 1.2　　(3) 4　　(4) 80　　(5) 1440

ステップ 50

(1) $\left(\dfrac{3}{8} + 3.25\right) \times 16 = \boxed{}$ （お茶の水女子大学附属）

(2) $\left(\dfrac{5}{9} - \boxed{}\right) \times 2.25 + \dfrac{1}{2} = 1\dfrac{1}{4}$ （桜美林）

(3) $12.5 \times 0.4 \div 0.01 = \boxed{}$ （浦和実業学園）

(4) 原価が1個320円の品物があります。定価の5％引きで20個売るときの利益は，定価の10％引きで30個売るときの利益と等しくなります。この品物1個の定価は $\boxed{}$ 円です。 （神奈川大学附属）

(5) 図Ⅰのような合同な正方形と合同な正三角形だけで囲まれてできた立体があります。この立体は，図Ⅱのような1辺が12cmの立方体にぴったりと入ります。また，この立体のすべての頂点は，立方体のそれぞれの辺の真ん中の点になります。次の問いに答えなさい。
① この立体の辺の数は $\boxed{}$ 本です。
② この立体の体積は $\boxed{}$ cm³です。 （立教池袋）

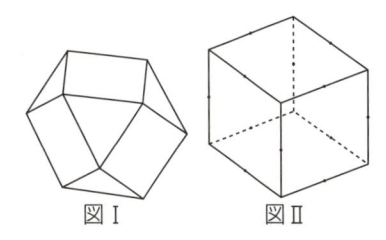

ステップ 51

(1) $\left(1.75 - \dfrac{3}{8}\right) \times 2\dfrac{2}{3} - 3\dfrac{1}{3} \div 2 = \boxed{}$ （桜美林）

(2) $1.25 \times 6.75 - 6.75 \div 4 + 2 \times 6.75 = \boxed{}$ （大宮開成）

(3) $1.25 \times \dfrac{2}{5} \div 0.5 - 2\dfrac{1}{3} \times \dfrac{3}{14} = \boxed{}$ （関東学院）

(4) ある商品を定価で売ると，1個につき45円の利益があります。この商品の定価の15％引きで8個売るのと，1個につき定価から35円値引きをして12個売るのとでは，利益が等しくなります。この商品の定価は $\boxed{}$ 円です。 （城北埼玉）

(5) 右の図のような，1辺が12cmの立方体ＡＢＣＤ－ＥＦＧＨがあります。三角すいＡＦＨＣの体積は $\boxed{}$ cm³です。 （東京都市大学付属）

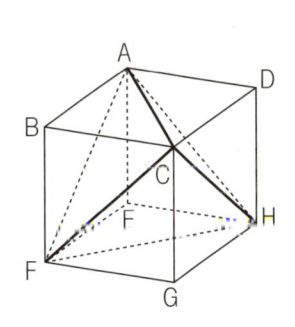

ステップ (p.73) 50 51 解答

50 (1) 58　　(2) $\dfrac{2}{9}$　　(3) 500　　(4) 400　　(5) ①24　②1440

解説

(1)(2)　$0.25 = \dfrac{1}{4}$，$0.75 = \dfrac{3}{4}$，$16 = \dfrac{16}{1}$ を利用しておきかえれば，分数だけの式になる。

(3)　$12.5 = \dfrac{25}{2}$，$0.4 = \dfrac{2}{5}$，$0.01 = \dfrac{1}{100}$ を利用しておきかえれば，分数だけの式になる。

(4)　文章を 面積図 や 線分図 におきかえると，積一定が使えるようになる。
[1個あたりの利益]×[売る個数]＝[利益の合計]で，「積一定」だから，
1個あたりの利益と売る個数は，反比例（逆比）の関係になる。
だから1個あたりの利益は，20個売るときを③，30個売るときを②と仮定できる。
原価が同じなので，1個の売値の差が1個の利益の差になる。
定価の10％－5％＝5％が，③－②＝①にあたる。
したがって，
20個売るときの利益は
定価の5％×3＝15％にあたる。
そのときの1個の売値は
定価の100－5＝95％だから，
1個の原価は
定価の95－15＝80％にあたる。
これが320円だから，
定価は320÷0.8＝400（円）。

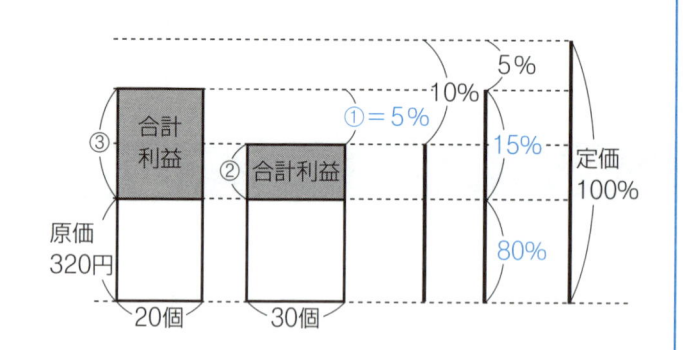

(5)　2つの図形を1つにまとめて表す。
①　図Ⅰ，Ⅱを合わせると，右図のようになる。
正方形は6面あるので，辺は4×6＝24（本）。
②　$6 \times 6 \div 2 \times 6 \times \dfrac{1}{3} = 36$（cm³）……三角すい
$36 \times 8 = 288$（cm³）……取り除かれた体積
$12 \times 12 \times 12 = 1728$（cm³）……立方体
$1728 - 288 = 1440$（cm³）

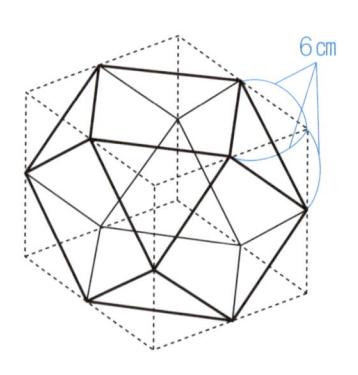

51 (1) 2　　(2) 20.25　　(3) $\dfrac{1}{2}$　　(4) 200　　(5) 576

ジャンプ 52

表し方を変えてみよう3

(1) $0.625 \div \left(1\dfrac{1}{2} - \dfrac{2}{3}\right) \times 3.2 = \boxed{}$ （星野学園）

(2) $\left\{(1 - 0.875) \div 0.375 - \left(\dfrac{3}{2} - 1.25\right)\right\} \times 24 = \boxed{}$ （森村学園）

(3) $\left\{12 \times \left(\dfrac{1}{2} - \dfrac{1}{3}\right) - \left(1\dfrac{2}{3} - \dfrac{1}{2} \div 0.75\right)\right\} \div 0.375 = \boxed{}$ （海城）

(4) 20％の食塩水120ｇに4％の食塩水を混ぜて8％の食塩水を作るには，4％の食塩水を $\boxed{}$ ｇ混ぜればよいです。 （かえつ有明）

(5) 右の図のように，大きな円すいから小さな円すいを切り取った立体があります。この立体の体積は $\boxed{}$ ㎤です。ただし，円周率は3.14とします。 （大妻嵐山）

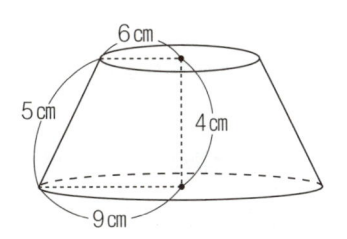

ジャンプ 53

(1) $3.375 \times 8 - 6.125 \times 4 + 4.875 \times 4 - 2.625 \times 8 = \boxed{}$ （成城学園）

(2) $0.625 \times 0.3 + 3\dfrac{3}{4} \times (2.3 - \boxed{}) = 4\dfrac{1}{2}$ （栄東）

(3) $\dfrac{1}{15} + \boxed{} \times 0.375 \div \dfrac{3}{4} = 0.1$ （かえつ有明）

(4) 12％の食塩水100ｇと11％の食塩水 $\boxed{}$ ｇを混ぜ，水を50ｇ加えると，10％の食塩水ができます。 （桜美林）

(5) 右の図は，ある正四角すいを底面と平行な平らな面で切断した図形です。もとの正四角すいの体積は $\boxed{}$ ㎤です。 （横浜女学院）

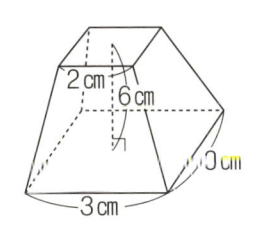

ジャンプ (p.75) 52 53 解答

52 (1) $2\frac{2}{5}$ (2) 2 (3) $2\frac{2}{3}$ (4) 360 (5) 715.92

解説

(1)(2)(3)　$0.125 = \frac{1}{8}$, $0.375 = \frac{3}{8}$, $0.625 = \frac{5}{8}$, $0.875 = \frac{7}{8}$

「イニコ，ミナコ，ムニコ，ハナコ」が $\frac{奇数}{8}$ になることを利用すると，すぐに分数だけにできる。

(4)　「食塩水を混ぜる」とは，「濃さを平らにならす」と言いかえられる。だから，平均の面積図をかく。面積図があらわすのは「面積→食塩，たて→濃度，よこ→食塩水の量」。余る食塩の面積と，不足する食塩の面積は同じ。

具体量で逆算

20%を8%に変えると，120gあたり，
$120 \times (0.2 - 0.08) = 14.4$ gの食塩が余る。
これが4%を8%に変えるときの不足分
と同じだから，□ $\times (0.08 - 0.04) = 14.4$
□ $= 14.4 \div 0.04 = 360$ (g)

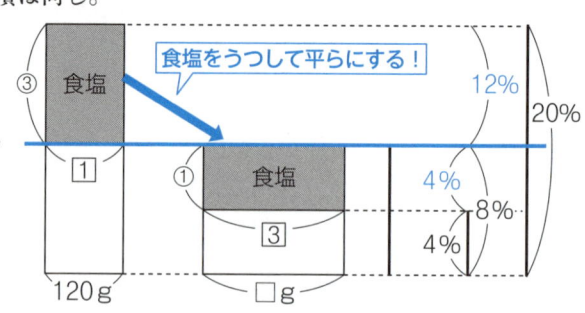

【別解】逆比の利用

8%と比較した濃度の差の比　→　$(20-8):(8-4) = 12:4 = ③:①$
よこの比　→　①:③（逆比）
$1:3 = 120:$□ となり，□ $= 120 \times 3 = 360$ (g)

【別解】てんびん図

面積図の濃度のたて線だけを取り出すと，
てこの原理が使える「てんびん図」になる。

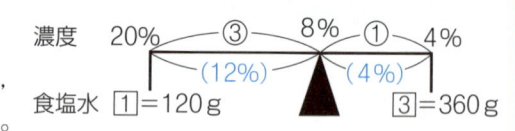

(5)　小さな円すいと大きな円すいの相似比は $6:9 = 2:3$

小さな円すいと大きな円すいの高さをそれぞれ②，③とすると，その差は③－②＝①で，これが4cmにあたるから，② $= 8$ cm，③ $= 12$ cm。

$9 \times 9 \times 3.14 \times 12 \times \frac{1}{3} - 6 \times 6 \times 3.14 \times 8 \times \frac{1}{3}$
$= 81 \times 4 \times 3.14 - 6 \times 2 \times 8 \times 3.14 = (324 - 96) \times 3.14 = 228 \times 3.14 = 715.92$ (cm³)

【別解】$9:6 = 3:2$（相似比）　　$4 \times \frac{2}{3-2} = 8$ (cm) ……小さな円すいの高さ

$9 \times 9 \times 3.14 \times (4+8) \times \frac{1}{3} \times \frac{3 \times 3 \times 3 - 2 \times 2 \times 2}{3 \times 3 \times 3}$
$= 228 \times 3.14$
$= 715.92$ (cm³)

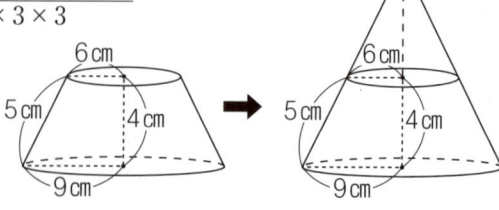

53 (1) 1　(2) $1\frac{3}{20}$　(3) $\frac{1}{15}$　(4) 300　(5) 54

関連問題

表し方を変えてみよう3

54 1回目　月　日　2回目　月　日

☐☐ (1) $0.5+0.25+0.125+0.0625=\dfrac{15}{\boxed{}}$ （公文国際学園）

☐☐ (2) $3\dfrac{1}{2}\times(2.5-0.75\times\boxed{})-3\dfrac{3}{4}\div 0.875=3\dfrac{5}{7}$ （慶應義塾普通部）

☐☐ (3) $\left\{2\div\left(0.125+\dfrac{1}{4}-\dfrac{1}{6}\right)-1.44\times\boxed{}\right\}\div\dfrac{1}{3}=27$ （サレジオ学院）

☐☐ (4) A君は，P地点からQ地点を通りR地点まで走りました。P地点からQ地点までは時速10kmで走り，Q地点からR地点までは時速5kmで走ったところ，P地点からR地点までの平均の速さは時速8kmになりました。P地点からQ地点までの道のりは，Q地点からR地点までの道のりの ☐ 倍です。 （芝）

☐☐ (5) 図1は一辺が9cmの立方体です。図2は，この立方体をある平面で切り取った残りの立体をA，B，Cの方向から見た図です。この切り取った残りの立体の体積は ☐ cm³です。（芝）

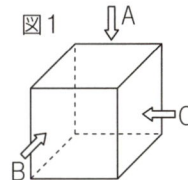

探究しよう！

図形 ▶ 立方体と関係のある正多面体には，どんなものがある？

・立方体（正六面体）から正四面体，正八面体をつくることができる
・逆に考えると，正四面体と正八面体から立方体をつくることもできる

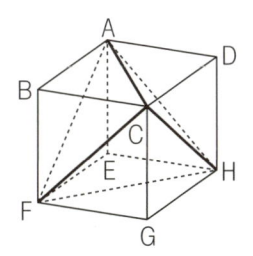

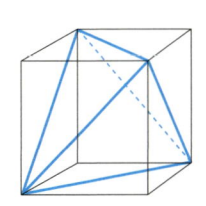

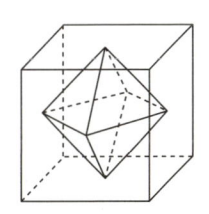

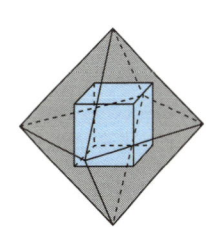

関連問題 (p.77) 54 解答

54 (1) **16**　　(2) $\dfrac{2}{7}$　　(3) $\dfrac{5}{12}$　　(4) **3**　　(5) **486**

解説

(1) $0.5 + 0.25 + 0.125 + 0.0625$

$= \dfrac{1}{2} + \dfrac{1}{4} + \dfrac{1}{8} + \dfrac{5}{8} \times \dfrac{1}{10} = \dfrac{1}{2} + \dfrac{1}{4} + \dfrac{1}{8} + \dfrac{1}{16} = \dfrac{8+4+2+1}{16} = \dfrac{15}{16} = \dfrac{15}{\boxed{}}$

よって $\boxed{} = 16$

(2) $3\dfrac{1}{2} \times (2.5 - 0.75 \times \boxed{}) - 3\dfrac{3}{4} \div 0.875 = 3\dfrac{5}{7}$

$3\dfrac{3}{4} \div \dfrac{7}{8} = \dfrac{15}{4} \div \dfrac{7}{8} = \dfrac{15 \times 8}{4 \times 7} = \dfrac{30}{7}$　　　$3\dfrac{5}{7} + \dfrac{30}{7} = 3\dfrac{5}{7} + 4\dfrac{2}{7} = 8$

ここで，単純化した式を確認する。$3\dfrac{1}{2} \times (2.5 - 0.75 \times \boxed{}) = 8$

$\boxed{}$を一気に逆算する。

$\boxed{} = \left(2.5 - 8 \div 3\dfrac{1}{2}\right) \div 0.75 = \left(2\dfrac{1}{2} - 8 \times \dfrac{2}{7}\right) \div \dfrac{3}{4}$

$\phantom{\boxed{}} = \left(\dfrac{35}{14} - \dfrac{32}{14}\right) \times \dfrac{4}{3} = \dfrac{3}{14} \times \dfrac{4}{3} = \dfrac{2}{7}$

(3) $\left\{2 \div \left(0.125 + \dfrac{1}{4} - \dfrac{1}{6}\right) - 1.44 \times \boxed{}\right\} \div \dfrac{1}{3} = 27$

$0.125 + \dfrac{1}{4} - \dfrac{1}{6} = \dfrac{3}{24} + \dfrac{6}{24} - \dfrac{4}{24} = \dfrac{5}{24}$　これを当てはめて，$2 \div \dfrac{5}{24} = \dfrac{48}{5}$

ここで，単純化した式を確認する。$\left\{\dfrac{48}{5} - 1.44 \times \boxed{}\right\} \div \dfrac{1}{3} = 27$

$\boxed{}$を一気に逆算する。

$\boxed{} = \left(\dfrac{48}{5} - 27 \times \dfrac{1}{3}\right) \div 1.44 = \dfrac{3}{5} \times \dfrac{100}{144} = \dfrac{5}{12}$

(4) 速さの面積図「面積→道のり，たて→速さ，よこ→時間」を頭の中にイメージする。

それをもとにして，てんびん図をかく。

ＰＱとＱＲを進んだ速さと平均の速さとの差の比は

ＰＱ：ＱＲ＝(10－8)：(8－5)＝2：3

したがって，

進んだ時間の比は，ＰＱ：ＱＲ＝3：2

道のりの比は，ＰＱ：ＱＲ＝(10×3)：(5×2)＝30：10＝3：1

3÷1＝3(倍)

(5) 切り取った残りの立体の見取り図をかくと，

右図のようになる。

(9＋6＋6＋3)÷4＝6(cm) ……立体の平均の高さ

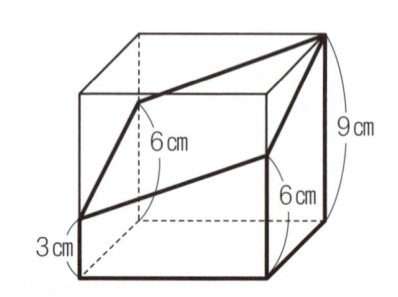

9×9×6＝486(cm³)

視点 IV

表し方の約束に着目しよう……1

10…単位換算／数の性質／図形の通過

基本チェック

計算 ▶ **単位の大きさを変えると，数値は反比例して変わることに気をつける**

☑ 1時間＝60分，1分＝60秒だから，1時間＝60×60＝3600秒

☑ k（キロ）＝×1000　c（センチ）＝×$\frac{1}{100}$　m（ミリ）＝×$\frac{1}{1000}$　d（デシ）＝×$\frac{1}{10}$

文章題 ▶ **A÷B＝☆余りCという式はA＝B×☆＋Cの形に直す**

☑ 「を」と「で」の助詞の読み取りに注意する！

【例】15で割って3余る数　→　15×☆＋3　→「3，18，33，48，…」（等差数列）

【例】15を割って3余る数　→　15＝ある数×☆＋3（ある数は3より大きい12の約数）

図形 ▶ **図形が移動する場合は，移動の際（きわ）を明確にする**

ホップ

(55)　1回目　月　日　2回目　月　日

□□（1） 12時間46分32秒－［　　］時間［　　］分［　　］秒＝4時間32分40秒　（跡見学園）

□□（2） 秒速10mと時速10kmの比を最も簡単な整数の比で表すと［　：　］です。　（晃華学園）

□□（3） 600g＋5kg＋0.2t－192kg＝［　　］kg　（聖学院）

□□（4） 7で割ると3余り，6で割ると2余る整数のうち，最も小さい数は［　　］です。　（山手学院）

□□（5） 右の図のように半径1cmの円が，もとの位置まで長さ5cmのまっすぐな線にそって1周します。円が通過してできる図形の面積は［　　］cm²です。ただし，円周率は3.14とします。　（品川女子学院）

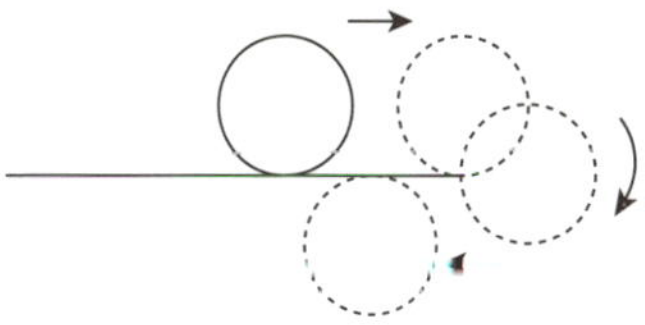

視点チェック

計算 ▶ **情報を読み取るときは，単位の変化に注意**

- ☑ 長さの２乗が面積の単位，長さの３乗が体積の単位
- ☑ 長さが10倍になると面積は100倍になる。相似形の面積比と同じ

【例】１辺が10倍になると，　1 m → 10m → 100m → 1000m

面積は100倍になる　1 ㎡ → 1 a → 1 ha → 1 ㎢

- ☑ 1 L＝1000㎤＝1000cc＝1000mL＝10dL

文章題 ▶ **「Aで割るとB余る数」は，「B＋A×○の等差数列」になることを利用する**

- ☑ 割る数が複数あるときの公差は，割る数の最小公倍数になる
- ☑ 初項がすぐに決まらないときは，おきかえをすることによって推理する

【例】2で割っても，3で割っても，5で割っても，15で割っても，1余る

→初項が1で，公差が2，3，5，15の最小公倍数30の等差数列

（1，31，61，91，……）

【例】5で割っても，6で割っても，1余る

→初項が1で，公差が5×6＝30の等差数列（1，31，61，91，……）

【例】5で割ると 1余り ，6で割ると 2余る

…→つまり，5で割ると 4不足 ，6で割ると 4不足

→5×6＝30の倍数よりも4不足する数列（26，56，86，116，146，……）

【例】5で割ると1余り，6で割ると3余る

…→つまり，初項が3で，公差が6の等差数列の中で，5で割ると1余る数

（3，9，15，21，27，33，39，45，51，………）

→初項が21で，公差が30の等差数列（21，51，81，111，141，……）

図形 ▶ **図形の移動は，移動の際（きわ）のキワ(どこからどこまで)に着目**

- ☑ 平行移動では，先頭位置や最後尾などの２点を際としてとらえる
- ☑ 回転移動では，回転の中心から最も遠い点と最も近い点の２点の移動範囲をとらえる

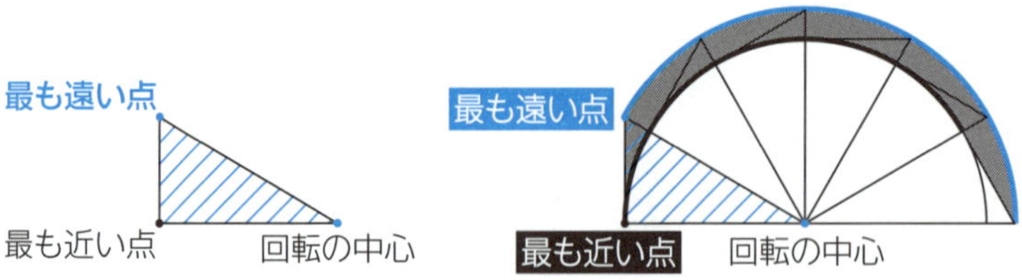

ホップ (p.79) (55) 解答

(55) (1) 8，13，52　(2) 18：5　(3) 13.6　(4) 38　(5) 32.56

ステップ 56

(1) 0.0526km² − 246a + 2000m² = ◯ ha　　（大妻）

(2) 1.5Lの空の容器に350ccの水を入れました。あと◯ dLの水を入れることができます。　　（芝浦工業大学柏）

(3) 22.75時間 + 3時間40分 − 1$\frac{1}{8}$時間 = ◯ 日 ◯ 時間 ◯ 分 ◯ 秒　　（日本女子大学附属）

(4) 6で割ると3余り，8で割ると5余り，9で割ると6余る3けたの整数のうち，最も大きい整数は◯ です。　　（青稜）

(5) 右の図のように，AB=4cm，BC=3cm，CA=5cmで，角ABCが90°の直角三角形ABCがあります。このとき，次の問いに答えなさい。ただし，円周率は3.14とします。
① 辺CAを底辺と見たときの，この直角三角形の高さは◯ cmです。
② 直角三角形ABCをふくむ平面上で，この直角三角形を点Bを中心に1回転させます。このとき，辺CAが通る部分の面積は◯ cm²です。　　（本郷）

ステップ 57

(1) 0.03ha + 150m² × 3 = ◯ m²　　（専修大学松戸）

(2) 1m³の鉄を断面の面積が0.4mm²の針金にすると◯ kmの長さになります。　　（青山学院）

(3) 5時間46分56秒 ÷ 4 = ◯ 時間 ◯ 分 ◯ 秒　　（横浜英和女学院）

(4) 1から100までの整数のうちで，3で割ると2余り，4で割ると3余る整数は◯ 個あります。　　（森村学園）

(5) 図のように，XからYまで結んだ線と，この線の上にない点Oがあります。また，この線の上に点Zがあって，XZ=2cmです。いま，XからYまで結んだ線を，点Oを中心に時計回りに120°回転したとき，この線が通過した部分の面積は◯ cm²です。ただし，円周率は3.14とします。　　（開智）

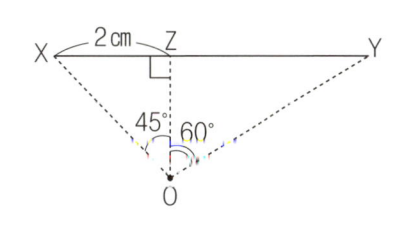

ステップ (p.81) 56 57 解答

56 (1) 3　　(2) 11.5　　(3) 1, 1, 17, 30　　(4) 933　　(5) ①2.4　②32.1536

解説

(1)「正方形の面積は一辺の2乗」で求める。

広さの単位となる正方形は，面積のせまい順に1㎡→1a→1ha→1㎢となる。一辺の長さは1m→10m→100m→1000mと10倍の関係で並ぶので，面積は100倍の関係で並ぶ。

0.0526㎢ = 0.0526 × 1ha × 100

246a = 246 × 1ha ÷ 100

2000㎡ = 2000 × 1ha ÷ 100 ÷ 100

0.0526 × 100 − 246 ÷ 100 + 2000 ÷ 100 ÷ 100 = 5.26 − 2.46 + 0.2 = 3（ha）

(2) 1L = 10dL = 1000mL = 1000ccなので，

1.5L = 1.5 × 1L = 1.5 × 10dL = 15dL

350cc = 350mL = 350 × 1mL = 350 × 0.001L = 0.35L = 3.5dL　　15dL − 3.5dL = 11.5dL

【補足】1Lは1辺が10cmの立方体の体積だから，10 × 10 × 10 = 1000㎤。

1㎤は1Lの $\frac{1}{1000}$ なので1mLと表し，これを1ccともいう。

(3) 最終的には秒の単位まで必要なので，最初からそれぞれを小さい単位に直してもよい。

22.75時間 = 22時間 $\frac{3}{4}$ × 60分 = 22時間45分

$1\frac{1}{8}$ 時間 = 1時間 $\frac{1}{8}$ × 60 × 60秒 = 1時間450秒 = 1時間7分30秒

22時間45分 + 3時間40分 − 1時間7分30秒 = 25時間17分30秒　→ 1日1時間17分30秒

(4)「余り」を「不足」に言いかえてみる。

「6で割ると3余り，8で割ると5余り，9で割ると6余る」

→「6で割ると3不足，8で割ると3不足，9で割ると3不足」

つまり，「6，8，9のどれで割っても3不足」と言いかえられる。

だから，6，8，9の最小公倍数72の倍数より3小さい3けたの整数を探せばよい。

999 ÷ 72 = 13余り63　から，999 − 63 − 3 = 933　となる。

(5)① 3 × 4 ÷ 2 = 5 × □ ÷ 2 を逆算する。

□ = 3 × 4 ÷ 5 = 2.4（cm）

② Bから最も遠い点までの長さ = BA = 4cm

Bから最も近い点までの長さ = 2.4cm（①から）

4 × 4 × 3.14 − 2.4 × 2.4 × 3.14

= (16 − 5.76) × 3.14

= 10.24 × 3.14

= 32.1536（㎠）

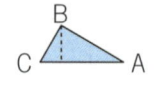

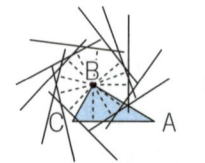

57 (1) 750　　(2) 2500　　(3) 1, 26, 44　　(4) 8　　(5) 14.84

表し方の約束に着目しよう1

ジャンプ 58　1回目　月　日　2回目　月　日

(1) 縮尺25000分の1の地図上で40㎠の土地は，縮尺10000分の1の地図上では□㎠です。
（慶應義塾湘南藤沢）

(2) 分速36mで歩くと50分かかる道のりを，時速2.4kmで歩くと□分かかります。
（市川）

(3) 1㎥の水を□個の容器に等しく分けると，容器1個あたりの水の量は小数第1位を四捨五入して19Lになります。あてはまる整数をすべて求めなさい。　（フェリス女学院）

(4) 約数を6個持つ2けたの整数のうち，最も大きいものから最も小さいものを引いた差は□です。
（筑波大学附属）

(5) A駅からB駅へ進む特急列車と，B駅からA駅へ進む急行列車はそれぞれ一定の速さで走っていて，ふみきりに立っている人の前を通過するのに，どちらも6秒かかります。特急列車は，長さ1350mの鉄橋を渡り始めてから渡り終えるのに51秒かかります。また，2つの列車の先頭が同時に鉄橋を渡り始めたとき，鉄橋の真ん中より75mだけB駅寄りの場所で出会います。2つの列車が離れたとき，急行列車の先頭は鉄橋のA駅側の端から□mの地点にあります。　（山手学院）

59　1回目　月　日　2回目　月　日

(1) 縮尺2万5千分の1の地図上で面積が7.5㎠の土地の実際の面積は□haです。
（慶應義塾中等部）

(2) 100mを9.6秒で走る人が，この速さのまま40km走ると，□時間□分かかります。
（東京純心女子）

(3) ある整数の割り算で，商を四捨五入により小数第1位まで求めることにします。40で割ると商が7.0になり，42で割ると商が6.6になる整数を小さい順に並べると□，□になります。
（慶應義塾中等部）

(4) 91から100までの整数の中で4個の約数を持つ整数は□個あります。
（豊島岡女子学園）

(5) 毎秒20mで走る普通電車が560mの鉄橋を渡り始めてから渡り終わるまでに31秒かかりました。また，普通電車と同じ長さの特急電車が715mのトンネルを通過するのに，車両が入り始めてから完全に出るまでの時間も31秒でした。次の問いに答えなさい。
　① 普通電車の長さは□mです。
　② 特急電車の速さは毎秒□mです。
　③ 特急電車が普通電車を追い越し始めてから追い越し終わるのにかかる時間は□秒です。
（捜真女学校）

ジャンプ (p.83) 58 59 解答

58 (1) **250**　　(2) **45**　　(3) **52, 53, 54**　　(4) **87**　　(5) **606**

解説

(1) 実際の土地の面積を逆算する必要はない。

土地のある辺の長さを1とすると，2つの地図でのその辺の長さの比は

$\dfrac{1}{25000} : \dfrac{1}{10000} = \dfrac{2}{50000} : \dfrac{5}{50000} = 2 : 5$（相似比となる）

面積比は相似比の2乗だから，$2 \times 2 : 5 \times 5 = 4 : 25$ となる。 よって，$40 \div 4 \times 25 = 250$。

(2) 道のり……　$36 \times 50 = 1800$(m) ⇒ 1.8(km)

かかる時間……　$1.8 \div 2.4 \times 60 = 45$(分)

(3) 1m³は1辺が1m＝100cmで，1L＝1000cm³は1辺が10cmだから，辺の長さが10倍。

したがって，体積は $10 \times 10 \times 10 = 1000$ 倍となる。1m³＝1000L。

$1000 \div \square$ は18.5以上19.5未満だから，□は $1000 \div 18.5 = 54.05\cdots$ 以下で，$1000 \div 19.5 = 51.2\cdots$ より大きい整数。このうち，あてはまる整数は 52，53，54 とわかる。

(4) 約数を6個持つ数は，$6 = 2 \times 3 = 5 + 1$ から，

「約数を2個持つ数(つまり 素数)」と「約数を3個持つ数(つまり 素数の平方数)」との積の形「A×B×B」の形をしている数か，「A×A×A×A×A(Aは素数)」の形をしている数。

たとえば，$12 = 3 \times 2 \times 2$ は約数が(1，2，3，4，6，12)の6個。

最も小さい数は $2 \times 2 \times 3 = 12$，最も大きい2けたの数は $3 \times 3 \times 11 = 99$。

素数を5個かけた形の数は，$2 \times 2 \times 2 \times 2 \times 2 = 32$，$3 \times 3 \times 3 \times 3 \times 3 = 243$（3けた）

以上から，最大と最小の差は，$99 - 12 = 87$　とわかる。

(5) 通過算で大切なことは，「点の移動」と「線の移動」のちがい。

点の移動 では，速さ×時間＝点の移動距離。

線の移動 では，末尾の移動距離だけでなく，線の長さだけ進んだところに先頭がある。

逆に，点が「長さのある物」を通過するには，物の長さだけ進めばよいが，線が「長さのある物」を通過するには，さらに線の長さの分も進まないと通過できない。

したがって，51秒の中には，列車の長さを通過する6秒がふくまれるので，

鉄橋の長さだけ進む時間は $51 - 6 = 45$(秒)。

$1350 \div (51 - 6) = 30$(m／秒)

　　　　　　　……特急列車の秒速

$30 \times 6 = 180$(m)　……特急列車の長さ

$(1350 \div 2 + 75) : (1350 \div 2 - 75) = 750 : 600 = 5 : 4$　……特急列車と急行列車の速さの比

$30 \div 5 \times 4 = 24$(m／秒)　……急行列車の秒速

$24 \times 6 = 144$(m)　……急行列車の長さ

$750 - 144 = 606$(m)

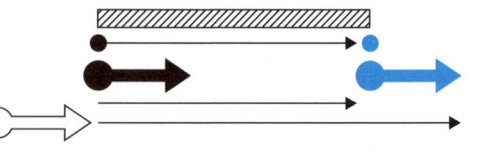

59 (1) **46.875**　　(2) **1, 4**　　(3) **278, 279**　　(4) **4**　　(5) ①**60** ②**25** ③**24**

関連問題

表し方の約束に着目しよう1

60　1回目　月　日　2回目　月　日

□□ (1) 縮尺50000分の1の地図上で□cmの実際の距離を，分速60mで歩くと45分かかります。
(聖園女学院)

□□ (2) 10.8aの広さのプールに水が入っています。このプールの水の深さを24mm増やすには□kLの水が必要です。
(青山学院)

□□ (3) 太郎君の貯金額を，四捨五入して百の位までの概数にすると2300円になります。次郎君の貯金額を，切り上げて百の位までの概数にすると4800円になります。2人の貯金額の差が最も大きいとき，その差は□円です。
(立教新座)

□□ (4) 2つの数A，Bの最大公約数が16，最小公倍数が512のとき，AとBの和は□です。
(東京都市大学等々力)

□□ (5) 中心がO，OA＝4cm，中心角が120°のおうぎ形OABのOAが直線ℓ上にあります。このおうぎ形をすべらないように図の矢印の方向に回転させます。最初の状態からもう一度OAが直線ℓ上に戻るまで回転させたときの中心Oが動いた距離は□cmです。ただし，小数第2位を四捨五入し，小数第1位まで求めなさい。円周率は3.14とします。
(東京女学館)

探究しよう！

●どんな場面で際（キワ，限界）が役に立つのか？

計算	▶	たとえば，14.999…と書く代わりに，15未満と書くことができる
文章題	▶	概算の逆算は，2つのキワ（最大と最小）から決められる
図形	▶	図形移動でも，2つのキワ（最遠と最近）の動きから決められる

・円が図形上を回転するとき，図形と接する点で半径は垂直になるから，接点での半径は，線上の移動では線にそって移動するが，**カドでは回転**する

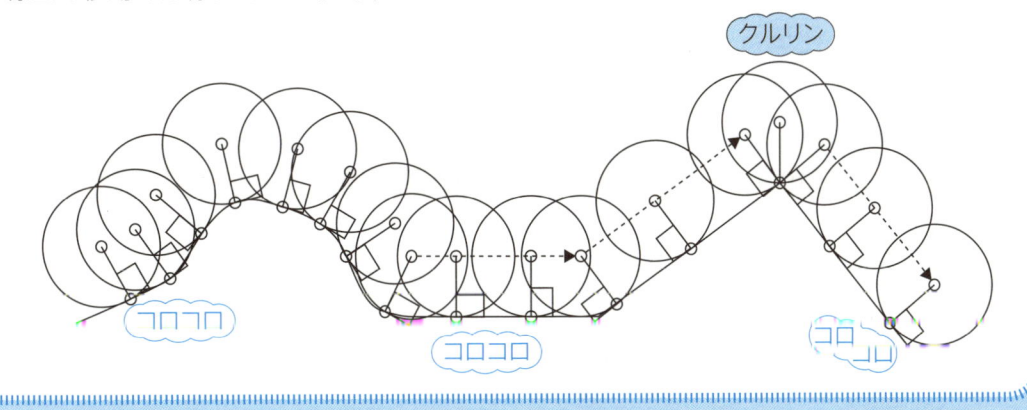

フロフロ　コロコロ　コロコロ　クルリン

関連問題 (p.85) ㊿ 解答

㊿ (1) 5.4　　(2) 25.92　　(3) 2550　　(4) 528　　(5) 20.9

解説

(1)　$60 \times 45 = 2700 \text{(m)}$ ……歩く距離
　　　$2700 \times 100 \div 50000 = 27 \div 5 = 5.4 \text{(cm)}$

(2)　$10.8 \times 10 \times 10 = 1080 \text{(m}^2\text{)}$ ……プールの広さ
　　　$1080 \times 0.024 = 25.92 \text{(m}^3\text{)}$ ……必要な水の量
　　　$\underline{1 \text{m}^3 = 1 \text{kL}(= 1000000 \text{cm}^3 \text{だから})}$
　　　→ 25.92 kL

(3)　2250円以上2349円以下　……太郎君の貯金額
　　　4701円以上4800円以下　……次郎君の貯金額
　　　最大の差 = (大きいものの最大) − (小さいものの最小)
　　　　　　　 = 4800 − 2250 = 2550(円)

(4)　2つの数A, Bの 最大公約数 が16
　→　A, Bは両方とも16の倍数
　→　A = 16×○, B = 16×□
　　　（○と□は 互いに素 ）
　　　ただし, ○が□より大きいとする。
　→　最小公倍数 = 16×○×□
　　　$512 \div 16 = 32 = 32 \times 1 = 16 \times 2 = 8 \times 4$　……○×□の組み合わせ
　　　○と□が互いに素だから, ○ = 32, □ = 1 と決まる。
　　　A + B = 16×32 + 16×1 = 16×(32 + 1) = 16×33 = 528

　　　逆すだれ算
　　　　最大公約数
　　　　16) A　B
　　　　　　○　□ (互いに素)
　　　　最小公倍数 = 16×○×□

(5)　$4 \times 2 \times 3.14 \times \dfrac{90}{360} \times 2 + 4 \times 2 \times 3.14 \times \dfrac{120}{360}$
　　$= 8 \times 3.14 \times \dfrac{300}{360}$
　　$= \dfrac{20}{3} \times 3.14$
　　$= 20.93\cdots$
　　よって, 20.9(cm)

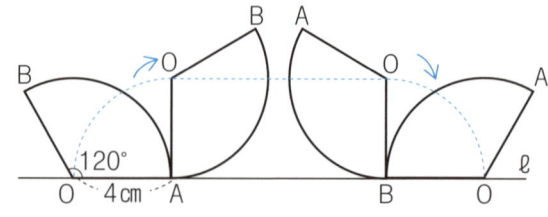

Ⅳ 表し方の約束に着目しよう……2

11…約束記号／割合の消去／回転体

基本チェック

計算 ▶ 約束記号の計算は，約束どおりの計算結果で式をおきかえる
☐ かっこがある計算は，より中にあるかっこが先

文章題 ▶ 割合の文章題は，何を1としているかをはっきりさせる
☐ 書いてある割合だけでなく，残りの割合も図に書き込むとよい
【例】男子が全体の $\frac{4}{5}$ より6人多いなら，女子は全体の $\frac{1}{5}\left(=1-\frac{4}{5}\right)$ より6人少ない

図形 ▶ 回転体は，線や面を線（回転軸）を中心に回転してできる図形

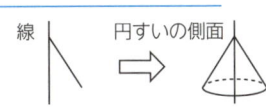

線 ⇒ 円板　　線 ⇒ 円すいの側面　　面 ⇒ 円すい

ホップ ⑥1　1回目　月　日　2回目　月　日

☐☐(1) a※bを，aとbの最大公約数と約束します。(36※54)※24＝☐
（自修館）

☐☐(2) {a}はaの約数をすべて足した数を表します。
{{7}＋{9}}－{{8}} ＝ ☐
（東海大学付属相模）

☐☐(3) [A]はA以下の最も大きい整数を表します。
$\left[\frac{333}{2}\right]+\left[\frac{101}{6}\right]\times\left[\frac{67}{17}\right]-\left[\frac{513}{9}\right]=$ ☐
（湘南白百合学園・改題）

☐☐(4) A君の学校の男子の生徒数は全体の生徒数の $\frac{2}{5}$ より85人多く，女子の生徒数は全体の生徒数の $\frac{2}{3}$ より128人少ないです。全体の生徒数は☐人で，男子の生徒数は☐人です。
（城北埼玉）

☐☐(5) 右の図のような直角三角形ＡＢＣを，直線ℓのまわりに1回転させてできる立体の体積は☐cm³です。ただし，円周率は3.14とします。
（専修大学松戸）

視点チェック

計算 ▶ 約束記号の逆算は，約束どおりの計算順を，逆(終わり)からする

☑ 約束記号が二重になっているとき，逆算は外側を優先してする

【例】A○B＝A×A＋B×5のとき，1○(X○3)＝96の逆算をする。
　　　1○(　)＝96から，1×1＋(　)×5＝96となる。
　　　(　)＝(96－1)÷5＝19なので，X○3＝19となる。
　　　X×X＋3×5＝19から，X×X＝19－15＝4＝2×2で，X＝2

【例】＜N＞＝Nの約数の和とするとき，＜＜N＞＞＝4の逆算をする。
　　　＜N＞＝□とすると，＜□＞＝4
　　　約数の和が4になる□は，1＋3＝4から，3なので，＜N＞＝3となる。
　　　つまり，Nの約数の和が3。1＋2＝3から，Nは2。

文章題 ▶ 割合・比の消去算は，消したいほうの倍率(割合)をそろえるとよい

☑ AとBの消去算でBを求める場合，消すのはAだから，Aの倍率をそろえる

【例】A＋B＝100，A×0.2＋B×0.3＝27のとき，Bを求める。
　　→ 2つの式でのAの倍率をそろえる。
　　　第一の式の0.2倍をすると　A×0.2＋B×0.2＝100×0.2＝20
　　　これと第二の式と比べて，27－20＝7がBの0.3－0.2＝0.1倍。B＝7÷0.1＝70

図形 ▶ 回転体の問題は，単純化して表せないかを考える

☑ 回転軸からの距離が同じなら，どこにあっても体積は同じ

【例】

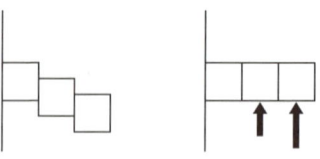

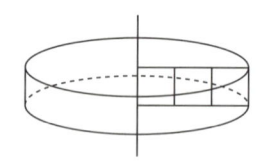

円柱の体積と同じ

☑ 回転軸からの距離が同じなら，どこにあっても面積は同じ

【例】

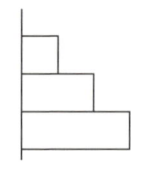

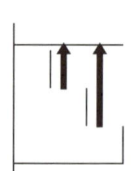

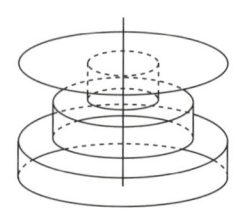

円柱の側面が3つと円板が2つ

☑ 回転角が360度とは限らないので，注意する

ホップ (p.87) ㊿解答

㊿ (1) 6　(2) 8　(3) 157　(4) 645, 343　(5) 3768

表し方の約束に着目しよう2

ステップ 62

(1) BがAより大きいとき，A＠B＝A×B－2×(B－A)－4と約束します。
① 5＠8＝□　② 6＠□＝48
（獨協埼玉）

(2) 0でない整数aについての記号[a]は，1からaまでの整数の積を表します。
たとえば[3]＝1×2×3＝6です。$\dfrac{[12]}{[8]×[4]}$＝□ です。
（日本大学第二）

(3) A◎B＝AのB個の積×Bと約束します。たとえば，3◎2＝3×3×2＝18です。
□◎3＝$\dfrac{3}{8}$
（麗澤）

(4) りんごとみかんが合わせて140個あります。りんごの個数の$\dfrac{8}{9}$と，みかんの個数の$\dfrac{4}{7}$を合わせると100個になります。みかんは□個あります。
（東京学芸大学附属竹早）

(5) 右の図のように1辺が2cmの正方形が集まってできた図形があります。この図形を直線ABを回転軸として90°回転させたとき，色のついている部分が通過してできる立体の体積は□cm³です。ただし，円周率は3.14とします。
（浅野）

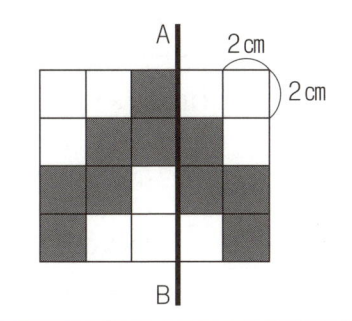

ステップ 63

(1) [○，△]＝○×△－○÷△と約束すると，[□，3]＝16となります。
（藤嶺学園藤沢）

(2) [a]は1からaまでの整数の積を表します。
[1]＋$\dfrac{[2]}{[1]}$＋$\dfrac{[3]}{[2]}$＋$\dfrac{[4]}{[3]}$＋……＋$\dfrac{[100]}{[99]}$＝□
（共立女子）

(3) A◎B＝A×A＋B×Bと約束します。(11◎□)＋(□◎1)＝5◎13
（□は同じ数が入る）
（大妻多摩）

(4) ある学校の去年の生徒数は男女合わせて200人でした。今年は男子が10％増え，女子が10％減ったので，全体で202人になりました。今年の男子の生徒数は□人です。
（公文国際学園）

(5) 右の図形は1辺の長さ1cmの正方形を組み合わせたものです。この図形をAとBを結ぶ直線の周りに180°回転してできる立体の体積は□cm³です。ただし，円周率は3.14とします。
（帝京大学）

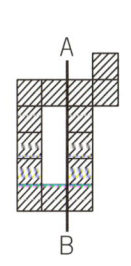

89

ステップ (p.89) ㊆㊂㊃ 解答

㊅㊂ (1) ①30 ②10　(2) 495　(3) $\dfrac{1}{2}$　(4) 77　(5) 163.28

解説

(1)① $5@8 = 5×8 - 2×(8-5) - 4$
　　　　　$= 40 - 2×3 - 4 = 30$

② かっこをはずすために分配法則を使う。

　□の2倍を減らすときに，□から6減らしてから2倍して減らすと，□の2倍よりも逆に 2×6 = 12 増えることになる。

　$6@□ = 6×□ - 2×(□ - 6) - 4$
　　　　$= 6×□ - 2×□ + 12 - 4 = 48$　から，$4×□ = 40$。
　よって，□ = 10 となる。

(2) 約束を式に表したら，かけ算をしたくなるが，<u>約分を優先する</u>。
　[8] にあたる式が分母にも分子にもできるので約分できる。

$$\dfrac{9×10×11×12}{1×2×3×4} = 495$$

(3) 約束から，$□×□×□ = \dfrac{3}{8} ÷ 3 = \dfrac{1}{8}$ となる。

　$8 = 2×2×2$ なので，$□ = \dfrac{1}{2}$

(4) りんごとみかんが合わせて140個。

　りんごもみかんも $\dfrac{4}{7}$ だけだとすると，合わせて $140 × \dfrac{4}{7} = 80$（個）になる。

　これを100個にするには，りんごを $\dfrac{8}{9} - \dfrac{4}{7} = \dfrac{56-36}{63} = \dfrac{20}{63}$ だけ増やせばよい。

　だから，りんご全体は $(100-80) ÷ \dfrac{20}{63} = 63$（個）。みかんは $140 - 63 = 77$（個）。

(5) 1辺2cmの正方形を<u>軸に対して平行にずらしてできる図形を回転しても，できる立体の体積は変わらない</u>。つまりＡＢの左側，右側をそれぞれ，次の図のような図形としてとらえて，回転させ体積を求めればよい。

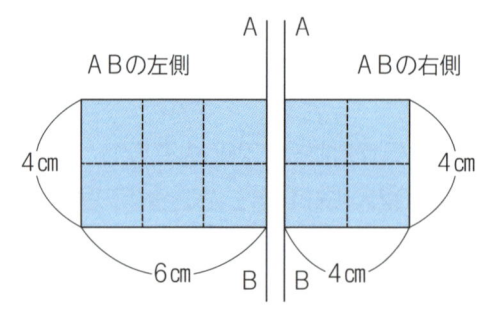

$6×6×3.14×\dfrac{90}{360}×4 + 4×4×3.14×\dfrac{90}{360}×4 = 36×3.14 + 16×3.14 = 163.28$（cm³）

㊅㊃ (1) 6　(2) 5050　(3) 6　(4) 121　(5) 43.96

ジャンプ 64

表し方の約束に着目しよう2

1回目 月 日　2回目 月 日

(1) (a, b)はaとbの最大公約数と約束します。(32, 24)×(18, a)=(120, 144)のaにあてはまる最も大きい2けたの整数は □ です。　(中央大学附属横浜)

(2) 整数 x, a について，1からxまでのaの倍数の個数を＜x, a＞と表します。たとえば，＜10, 3＞＝3，＜100, 5＞＝20です。＜＜x, 5＞, ＜16, 5＞＞＝5 となるxは □ 個あります。　(本郷)

(3) ［　, ］は中の2つの数の公約数の個数を表します。たとえば，［16, 24］＝4となります。［12, ［6, 15］×［30, 42］］＝ □ です。　(法政大学第二)

(4) A君は，持っているお金のうち，はじめに300円を使い，次に残ったお金の $\frac{5}{12}$ を使いました。すると，はじめに持っていたお金の半分より50円多く残りました。A君が使ったお金は，全部で □ 円です。　(本郷)

(5) 右の図のような平行四辺形ＡＢＣＤを，直線ℓを軸として1回転したときにできる立体の表面積は □ cm²です。ただし，円周率は3.14とします。　(慶應義塾湘南藤沢)

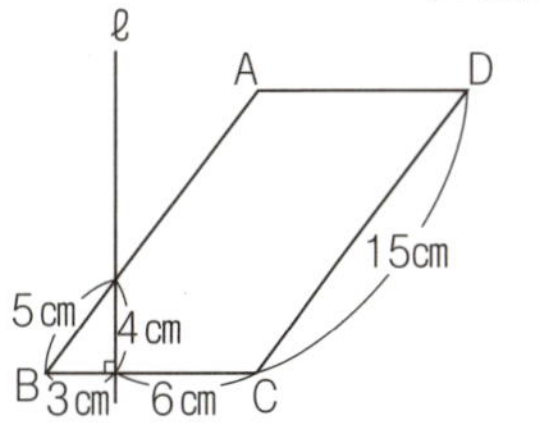

ジャンプ 65

1回目 月 日　2回目 月 日

(1) x△yを，xとyの最大公約数と約束します。aが100以下の整数で，a△30＝2となる整数aは □ 個あります。　(慶應義塾湘南藤沢)

(2) 整数Aを整数Bで割った余りを《A, B》と表します。《99, 4》×《x, 7》＝15を満たすxのうち，3けたの整数は □ 個あります。　(横浜)

(3) nが1以上の整数のとき，1からnまでの整数のうちでnとの最大公約数が1となるものの個数を【n】とします。【15】＝ □ です。　(芝浦工業大学柏)

(4) 春子さんと夏子さんと秋子さんは，合わせて270個のおはじきを持っています。夏子さんは持っているおはじきの個数の $\frac{1}{10}$ ずつを，春子さんと秋子さんにわたしました。春子さんは夏子さんからおはじきをもらったあと，持っているおはじきの個数の $\frac{1}{7}$ ずつを夏子さんと秋子さんにわたしました。その結果，3人のおはじきの数は同じになりました。最初に3人が持っていたおはじきの数は，それぞれ □ , □ , □ 個です。　(横浜雙葉)

(5) 右の図2は，図1の立体を正面から見たときの図です。この立体の表面積は □ cm²です。ただし，円周率は3.14とします。　(早稲田実業学校)

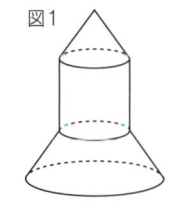

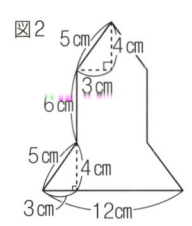

ジャンプ (p.91) 64 65 解答

64 (1) **93**   (2) **15**   (3) **3**   (4) **1300**   (5) **1884**

解説

(1) (32, 24) = 8, (120, 144) = 24から, (18, a) = 24 ÷ 8 = 3。
18が2, 3, 9の倍数であることから, 18とaとの最大公約数が3になるためには, aは奇数で3の倍数だが, 9の倍数ではない数となる。よって, あてはまる数は93とわかる。

(2) ＜16, 5＞＝3から。
3の倍数が5個あるのは3×5＝15以上, 15＋3－1＝17以下。
つまり, ＜x, 5＞が15以上17以下。
5の倍数が15から17個ある x は5×15＝75以上, 5×17＋5－1＝89以下。
x は89－75＋1＝15(個)。

(3) 個数を求める約束記号は, 自分の書いたものが, 数 なのか, 個数 なのか,「意味づけ」をはっきりと意識する。
[6, 15]は最大公約数3の約数の個数で2。
[30, 42]は最大公約数6の約数の個数で4。
[12, [6, 15]×[30, 42]]＝[12, 2×4]は, 4の約数の個数。よって, 3個。

(4) 最後に残ったお金ははじめの金額の $\frac{1}{2}$＋50円で, これは残りの $\frac{5}{12}$ を使った後の残り。
だから, 残りの $1－\frac{5}{12}＝\frac{7}{12}$ にあたる。
言いかえると, 最後の残りを⑦とすると, はじめの残りは⑫になる。
はじめの残りは, $\left(\frac{1}{2}＋50円\right)\times\frac{12}{7}＝\frac{1}{2}\times\frac{12}{7}＋50円\times\frac{12}{7}＝\frac{6}{7}＋\frac{600}{7}$ 円。
これに300円を足すと, はじめに持っていた全体(＝1)にあたる。
だから, $\frac{600}{7}＋300＝\frac{2700}{7}$ は, 全体の $\frac{1}{7}\left(＝1－\frac{6}{7}\right)$ にあたる。
全体は $\frac{2700}{7}\div\frac{1}{7}＝2700$ (円)で, 最後の残りは2700÷2＋50＝1400(円)。
よって, 使った金額は2700－1400＝1300(円)。

(5) 1回転したときにできる立体の切断面は右図のようになる。
右図の6cmと10cmの直線を移動すると, 半径15cm, 高さ20cm, 母線25cmの円すいの表面積と等しくなる。
$15\times15\times3.14＋25\times25\times3.14\times\frac{15}{25}$
＝1884(cm²)

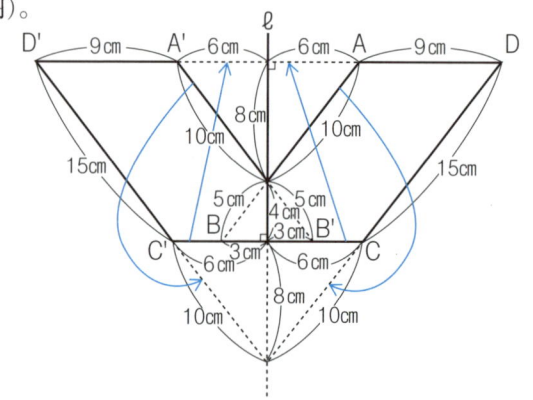

65 (1) **27**   (2) **129**   (3) **8**   (4) **117, 90, 63**   (5) **414.48**

関連問題

表し方の約束に着目しよう2

66 1回目 月 日 2回目 月 日

☐☐ (1) A◎B = $\frac{A+B}{A \times B}$ と約束します。☐◎12 = $\frac{3}{20}$ 　　　　　　（日本大学藤沢）

☐☐ (2) [x]はxの各位の数の積を計算する記号です。たとえば，[46]＝24，[88]＝64です。[54]＋[35]＝[x]となるxは☐です。すべて求めなさい。　（明治大学付属中野）

☐☐ (3) 2つの数AとBの差を[A，B]と表します。[[x，4]，9]＝6となる1以上の整数xは☐です。すべて求めなさい。　　　　　　　　　　　　　（大妻多摩）

☐☐ (4) 2つの容器A，Bに食塩水がそれぞれ200gと250g入っています。Aの食塩水の半分をBへ移しよく混ぜたら，Bの食塩水の濃度がAの食塩水の濃度の2倍になりました。はじめ，Bに入っていた食塩水の濃度は，Aに入っていた食塩水の濃度の☐倍でした。　　　　　　　　　　　　　　　　　　　　　　　　　　　　　（帝京大学）

☐☐ (5) 1辺の長さが1cmの正方形が4個あります。右の図のように，これらを組み合わせた図形を直線ℓのまわりに1回転させてできる立体の体積は☐cm³です。また，表面積は☐cm³です。ただし，円周率は3.14とします。　　　　　　　　　　　　　　　　　　　　　　　（日本大学藤沢）

探究しよう！

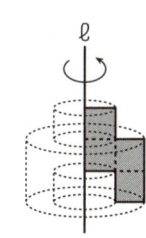

図形 ▶ 回転する図形がその図形自体に重なるときに，面白い考え方はないの？

・回転体がその図形自体に重なるときは，軸で折り返して回転しても体積は同じ

【例】

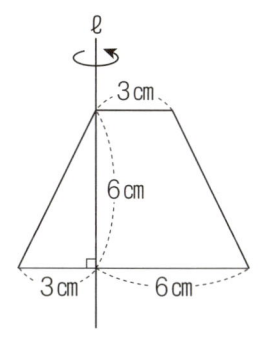

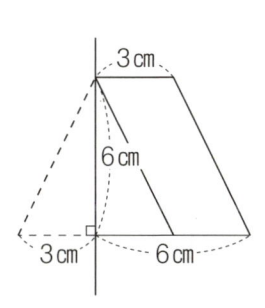

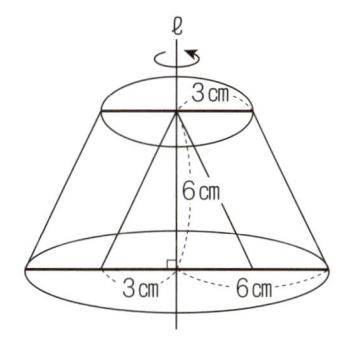

直線ℓの左側の三角形の回転体は**円すい**になる。
右側の台形の回転体は**円すい台**になる。
⟶ 円すいは，円すい台にふくまれてしまう。
※しかし，360度よりも少ない回転のときは，重ねずに調べる必要があるので注意

関連問題 (p.93) ㊅㊅解答

㊅㊅ (1) **15**　　(2) **57, 75**　　(3) **1, 7, 19**　　(4) **2.4**　　(5) **25.12, 62.8**

解説

(1) $\boxed{}◎12 = \dfrac{\boxed{}+12}{\boxed{}\times 12} = \dfrac{3}{20}$

→分数式を比例式に直すと，$(\boxed{}+12) : \boxed{} \times 12 = 3 : 20$

比例式の性質から，$(\boxed{}+12) \times 20 = \boxed{} \times 12 \times 3$

分配法則を使ってかっこをはずすと，$\boxed{} \times 20 + 12 \times 20 = \boxed{} \times 36$

$\boxed{} \times (36 - 20) = 12 \times 20$　から　$\boxed{} = 240 \div 16 = 15$

(2) $[54] + [35] = 5 \times 4 + 3 \times 5 = 35$

35を1けたの数の積に分解すると，$35 = 5 \times 7 = 7 \times 5$だから，$x = 57, 75$

(3) $[[x, 4], 9] = 6$の$[x, 4]$の部分を□とおきかえる。

$[\square, 9] = 6$とすると，□と9との差$= 6$より，$\square = 9 + 6 = 15$か，$\square = 9 - 6 = 3$。

$\square = 15$のとき，$[x, 4] = 15$だから，$x = 4 + 15 = 19$ （$x = 4 - 15$は当てはまらない）

$\square = 3$のとき，$[x, 4] = 3$だから，$x = 4 + 3 = 7$か，$x = 4 - 3 = 1$

以上より，$x = 1, 7, 19$

(4) Aの濃度を①，Bの濃度を$\boxed{1}$とする。濃度とは100gあたりの食塩の量と考える。

① $\times \dfrac{200}{100} =$ ②　……はじめのAの食塩

$\boxed{1} \times \dfrac{250}{100} = \boxed{2.5}$　……はじめのBの食塩

② $\div 2 =$ ①　……AからBへ移した食塩

$\begin{cases} ① + \boxed{2.5} \quad\text{……移したあとのBの食塩の量（増えた分に着目した）} \\ ② \times \dfrac{250 + 200 \div 2}{100} = ⑦ \quad\text{……移したあとのBの食塩の量（Aの2倍の濃さから求めた）} \end{cases}$

⑦ $=$ ① $+ \boxed{2.5}$　から，⑥ $= \boxed{2.5}$

① $\times 6 = \boxed{1} \times 2.5$ → $\boxed{1} : ① = 6 : 2.5$

$6 \div 2.5 = 2.4$（倍）

(5)

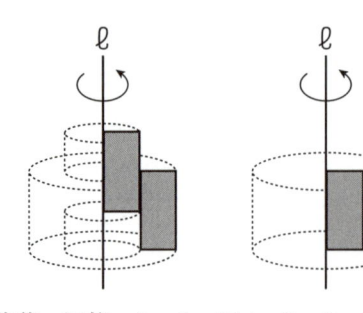

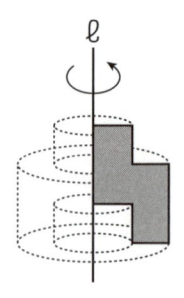

体積 $=$ 円柱 $= 2 \times 2 \times 3.14 \times 2 = 8 \times 3.14 = 25.12$（cm³）

表面積 $=$ 円 $\times 2 + 3$つの円柱の側面

　　　$= 2 \times 2 \times 3.14 \times 2 + 2 \times 3.14 \times 1 \times 2 + 4 \times 3.14 \times 2$

　　　$= 8 \times 3.14 + 4 \times 3.14 + 8 \times 3.14 = 20 \times 3.14 = 62.8$（cm²）

視点 Ⅳ 表し方の約束に着目しよう……3

[12]…大小と範囲／ニュートン算／自転と公転

基本チェック

計算 ▶ 大小比較は種類をそろえて，共通なものに着目する

- ☑ 同分母の分数の大小は分子の大小と同じ
- ☑ 同分子の分数の大小は分母の大小と逆
- ☑ 分母と分子の差が同じ分数の大小は，分母の大小と同じ

  【例】 $\dfrac{1}{5} < \dfrac{4}{5}$　　$\dfrac{1}{5} > \dfrac{1}{6}$　　$\dfrac{1}{5} < \dfrac{7}{11}$

文章題 ▶ 消去算は，求めるもの以外の個数がそろうように倍にする

- ☑ 倍が整数倍のときは，**最小公倍数**を使う。倍は**分数倍**でもよい

図形 ▶ 図形上の円の移動は，円周の長さと中心の動きに着目

ホップ　67　1回目　月　日　2回目　月　日

(1) $1\dfrac{4}{5}$，1.76，$\dfrac{7}{4}$ の3つの数の中で，一番小さい数は _____ です。　　（和洋国府台女子）

(2) $\dfrac{1}{5}$ より大きく $\dfrac{1}{4}$ より小さい分数で分母が40であるものは _____ です。　　（横浜女学院）

(3) $1\dfrac{2}{5}$ は $\dfrac{2}{3}$ の7割の _____ 倍です。　　（品川女子学院）

(4) 鉛筆4本とノート3冊の合計金額は470円です。鉛筆2本とノート9冊の合計金額は910円です。鉛筆1本の値段は _____ 円です。　　（成城学園）

(5) 右の図のような半径6cmの円Aがあり，その内側を半径2cmの円Bが円Aの周上をすべらないように回転していきます。
このとき，点Pは円Bの回転とともにどのような線をえがくかを，次のア〜ウの図の中から選ぶと， _____ の図になります。

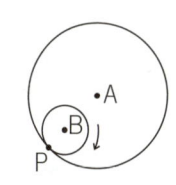

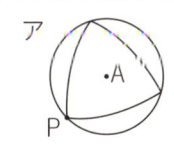

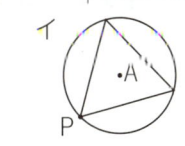

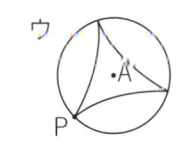

　　ア　　　　　イ　　　　　ウ

（江戸川女子）

視点チェック

計算 ▶ 分数の大小比較で共通なものがないときは，共通なものをつくる

☑ 分母がちがうときは，**最小公倍数**を使って**分母をそろえる**ことができる

【例】 $\dfrac{3}{5}$ と $\dfrac{7}{10}$ → $\dfrac{3\times 2}{5\times 2}=\dfrac{6}{10}$ と $\dfrac{7}{10}$ から，分子の大きい $\dfrac{7}{10}$ のほうが大きい

☑ 分子がちがうときは，**最小公倍数**を使って**分子をそろえる**ことができる

【例】 $\dfrac{3}{5}$ と $\dfrac{7}{10}$ → $\dfrac{3\times 7}{5\times 7}=\dfrac{21}{35}$ と $\dfrac{7\times 3}{10\times 3}=\dfrac{21}{30}$ から，分母が小さい $\dfrac{21}{30}=\dfrac{7}{10}$ のほうが大きい

☑ **分数倍**を使えば，分子でも分母でも共通にすることができる

【例】 $\dfrac{3}{5}$ と $\dfrac{7}{10}$ → 分母を5にそろえる

$\dfrac{3}{5}$ と $\dfrac{7\times\frac{5}{10}}{10\times\frac{5}{10}}=\dfrac{3.5}{5}$ から，分子の大きい $\dfrac{3.5}{5}=\dfrac{7}{10}$ のほうが大きい

文章題 ▶ ニュートン算では減らす速さを基準にして，増える速さを求める

☑ 増やす速さを1，減らす速さを①として，1が①の何倍かを考える

【例】 牛を3頭放牧すると50日で草がなくなり，牛を4頭放牧すると25日で草がなくなる。牛を7頭放牧すると何日で草がなくなるか。

仮定
> 牛は1日で1山食べるとする。草は毎日一定の速さで生えるものとする。
> 牛が食べ始める前から，草はある一定の量だけ生えているものとする。

$1\times 4\times 25=100$（山） ……牛4頭が25日で食べる量
$1\times 3\times 50=150$（山） ……牛3頭が50日で食べる量

一方で，
牛4頭が25日で食べた量 ＝ もともと生えていた草 ＋ 25日で生えた草
牛3頭が50日で食べた量 ＝ もともと生えていた草 ＋ 50日で生えた草

だから，$150-100=50$（山）は，$50-25=25$（日）で新しく生えた草と同じ！

結論
$50\div 25=2$（山）……1日で生える草
$150-2\times 50=50$（山）……もともと生えていた草
7頭を放牧したとき2頭が新しい草だけ食べると，
$7-2=5$頭が古い草を食べる
$50\div 5=10$（日）……7頭で食べつくす日数

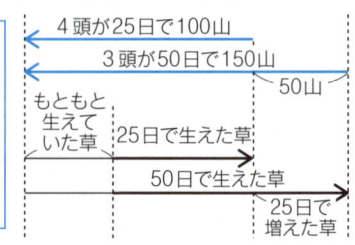

（図：4頭が25日で100山／3頭が50日で150山／50山／もともと生えていた草／25日で生えた草／50日で生えた草／25日で増えた草）

図形 ▶ わからないものが複数あれば，和差算，消去算，つるかめ算を意識する

ホップ (p.95) **67 解答**

㊿ (1) $\dfrac{7}{4}$　(2) $\dfrac{9}{40}$　(3) 3　(4) 50　(5) ウ

表し方の約束に着目しよう3

ステップ 68

(1) $\frac{5}{8}$ より大きく $\frac{3}{4}$ より小さい分数で分母が25であるものは □ です。すべて求めなさい。（江戸川学園取手）

(2) 2けたの整数で，4でも6でも割り切れない整数は □ 個あります。（桜美林）

(3) 【 】という記号は，その中の数の最も大きい数と最も小さい数の積を表すものとします。このとき，【 $1.6 \quad \frac{27}{13} \quad 2.14 \quad 2\frac{3}{20} \quad \frac{5}{3}$ 】＝ □ です。（攻玉社）

(4) 共子さんは今月から毎月決まった金額のおこづかいをもらえることになりました。今までに貯えたお金と毎月もらうおこづかいの合計を，今月から毎月800円ずつ使うと，ちょうど1年4か月で使い切り，今月から毎月1400円ずつ使うと，ちょうど4か月で使い切ります。
① 共子さんが今月から毎月もらうおこづかいの金額は □ 円です。
② 共子さんがおこづかいをもらう前に貯えていた金額は □ 円です。（横浜共立学園）

(5) ＡＢ＝6㎝，ＢＣ＝5㎝，ＣＡ＝4㎝の三角形ＡＢＣがあります。3つの頂点を中心とする3つの円が右図のようにお互いに接しています。このとき，Ａを中心とする円の半径は □ ㎝です。（穎明館）

ステップ 69

(1) $\frac{7}{18}$ より大きく $\frac{9}{20}$ より小さい分数で分母が7である数は □ です。（大妻）

(2) 1から200までの整数の中で，3で割っても，4で割っても，5で割っても1余る数の和は □ です。（富士見丘）

(3) 【 】という記号は，その中の数の最も大きい数と最も小さい数の積を表すものとします。このとき，【 $16 \quad \frac{270}{13} \quad 21.4 \quad 21\frac{1}{2} \quad \frac{50}{3}$ 】＝ □ です。（攻玉社）

(4) Ａさんには貯金があります。中学に入学してからはその年の4月から毎月決まったお金を親からもらうことになりました。貯金とあわせて1か月に6000円ずつ使うと5か月でなくなってしまいます。また，1か月に4250円ずつ使うと12か月でなくなります。
① 親から毎月もらう金額は □ 円です。
② 初めにあった貯金は □ 円です。（江戸川学園取手）

(5) 右の図の三角形の中にある円の半径は □ ㎝です。（横浜英和女学院）

ステップ (p.97) 68 69 解答

68 (1) $\dfrac{16}{25}, \dfrac{17}{25}, \dfrac{18}{25}$ (2) 61   (3) 3.44   (4) ① 600 ② 3200   (5) 2.5

解説

(1) 分母を25にそろえると,

$$\dfrac{5}{8} = \dfrac{25 \times \frac{5}{8}}{25} = \dfrac{\frac{125}{8}}{25} = \dfrac{15\frac{5}{8}}{25} \quad \text{となり,} \quad \dfrac{3}{4} = \dfrac{25 \times \frac{3}{4}}{25} = \dfrac{\frac{75}{4}}{25} = \dfrac{18\frac{3}{4}}{25} \quad \text{となる。}$$

これより, この間にある分子は16, 17, 18と決まる。

(2) 2けたの整数という表現は10以上99以下と言いかえられる。

ベン図をかいて 集合 で考える方法のほかに, 周期 を利用する方法がある。

4と6の最小公倍数の12まで書き出すと, 1, 2, 3, 5, 7, 9, 10, 11の8個ある。

99 ÷ 12 = 8 余り 3。8 × 8 = 64個から, 1けたの1, 2, 3, 5, 7, 9の6個を引き, 余りの3までの3個を足す。

64 − 6 + 3 = 61(個)

(3) 2より大きい数を小数にすると,

$\dfrac{27}{13} = 27 \div 13 = 2.07\cdots$,   2.14, $2\dfrac{3}{20} = 2.15$ だから2.15が最大。

2より小さいものは $\dfrac{5}{3} = 1.66\cdots$ から1.6が最小となるので, 1.6 × 2.15 = 3.44。

(4) ① 1年4か月 (16か月) では, 800 × 16 = 12800(円)使う。

また, 4か月では, 1400 × 4 = 5600(円)使う。

12800 − 5600 = 7200(円)   ……12か月分 (= 16 − 4) のおこづかい

よって, 1か月のおこづかいは, 7200 ÷ 12 = 600(円)

② 12800 − 600 × 16 = 5600 − 600 × 4 = 3200(円)

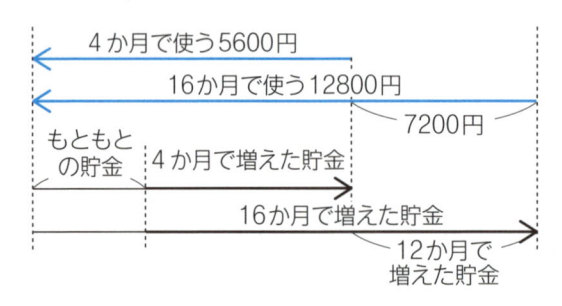

```
         ←── 4か月で使う5600円
         ←────────── 16か月で使う12800円 ──────
                                        ─ 7200円 ─
  もともと | 4か月で増えた貯金 |
  の貯金  |                 |
         |   16か月で増えた貯金   →
                              ─ 12か月で
                                増えた貯金
```

(5) 3つの円の半径を, 大きさの関係がわかるように大, 中, 小とする。

大 + 中 = 6   中 + 小 = 4   大 + 小 = 5

最初の2つの式の合計は, 大 + 中 + 中 + 小 = 6 + 4 = 10。

これから3つめの式を引く。

大 + 中 + 中 + 小 − (大 + 小) = 中 + 中 = 10 − 5 = 5

したがって, 中 = 5 ÷ 2 = 2.5(cm)

69 (1) $\dfrac{3}{7}$ (2) 364   (3) 344   (4) ① 3000 ② 15000   (5) 2

表し方の約束に着目しよう3

ジャンプ 70　1回目　月　日　2回目　月　日

(1) ある整数を77で割ると余りは55になります。もとの整数を7で割ると余りは□です。　（実践女子学園）

(2) $\frac{1}{4}$と$\frac{1}{3}$の間にある分数で，分子が25の既約分数（これ以上約分できない分数）は全部で□個あります。　（立教池袋）

(3) つぎの□の中に＋，－，×，÷の4つの記号の中のどれか1つをあてはめて式を完成させなさい。$\frac{1}{6}$□$\frac{1}{3}$□$\frac{1}{2}$＝1　（東京学芸大学附属世田谷）

(4) ある牧場で，馬を25頭入れると6日で草がなくなり，20頭入れると8日で草がなくなります。この牧場に馬を45頭入れたら□日で草はなくなります。　（大宮開成）

(5) 右の図のように半径4cmの円を3個並べます。同じ半径の円Bをこの3個の円の外側を接しながら，すべらないようにころがして1周させます。円周率は3.14として計算しなさい。
① 円Bの中心Oが動いてできる線の長さは□cmです。
② 円Bは□回転します。　（江戸川学園取手）

71　1回目　月　日　2回目　月　日

(1) 6で割ると3余り，5で割ると2余る2けたの整数は□です。すべて求めなさい。　（かえつ有明）

(2) $\frac{1}{4}$と$\frac{1}{3}$の間にある分数で，分母が125の既約分数は全部で□個あります。　（立教池袋）

(3) つぎの□の中に＋，－，×，÷の4つの記号の中のどれか1つをあてはめて式を完成させなさい。$\frac{1}{2}$□$\frac{1}{3}$□$\frac{1}{4}$＝$1\frac{5}{6}$　（東京学芸大学附属世田谷）

(4) 牧草地では，草が毎日同じ量だけ生え，牛も1頭ずつ同じ量だけ草を食べています。この牧草地の草を37頭の牛では21日で，51頭の牛では14日で食べつくします。58頭の牛では□日で牧草地の草がなくなります。　（日本大学藤沢）

(5) 図のように，半径が同じ円を円形に6個並べ，6個の円の外側を同じ半径の円アを，これらの6個の円に接しながら，すべらないようにころがします。6個の円の外側を1周して，元の位置にもどるまでに円アは□回転します。　（日本大学藤沢）

ジャンプ (p.99) 70 71 解答

70 (1) **6**　　(2) **20**　　(3) **＋，＋**　　(4) **3**　　(5) ① **75.36**　② **3**

解説

(1) ある整数は「77の倍数＋55」と表せるので，(77の倍数＋55)÷7の余りを考える。77の倍数は7で割り切れるので，55÷7＝7余り6より，余りは6とわかる。

(2) 分子を25にそろえると，$\frac{1}{4}=\frac{25}{100}$　$\frac{1}{3}=\frac{25}{75}$

分母は100と75の間にあり，5の倍数ではない数。

5の倍数は，80，85，90，95の4個。よって，99－75－4＝20(個)。

(3) 通分すると $\frac{1}{6}\square\frac{2}{6}\square\frac{3}{6}=\frac{6}{6}$ となるので，分子だけを見る。

(4) ニュートン算は，未知の速さが2つあるので，速さの消去算と考えることもできる。

馬1頭が1日に食べる草の量を1山とする。
25頭は6日で25×6＝150(山)の草を食べる。
20頭は8日で20×8＝160(山)の草を食べる。
食べた草＝
もともとあった草と毎日生えた草の合計
なので，2つの式ができる。

150山＝(もともとあった草)＋(6日で生えた草)
160山＝(もともとあった草)＋(8日で生えた草)

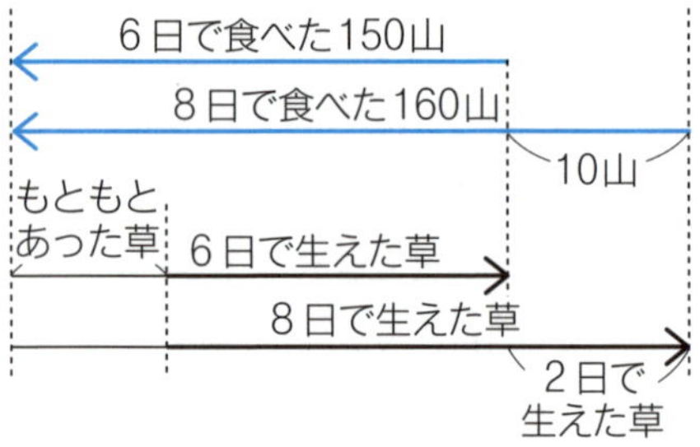

この差の160－150＝10(山)が8－6＝2(日)で生えた草なので，草は1日で，10÷2＝5(山)生える。だから，もともとあった草は150－5×6＝120(山)。

5頭が新しい草だけを食べるとしたら，もともとの草は1日に40山(45－5頭)減る。

だから，120÷40＝3(日)でなくなる。

(5)① 中心Oは3回半円を描いてもとにもどる。
　　半円の直径は4×4＝16(cm)
　　16×3.14×$\frac{1}{2}$×3＝24×3.14＝75.36(cm)

② 中心Oの進む長さが円Bの円周と同じとき，円Bは中心Oの周りを1回転する。円周は，
4×2×3.14＝8×3.14
中心Oの進む長さは，①から24×3.14なので，
(24×3.14)÷(8×3.14)＝3(回転)

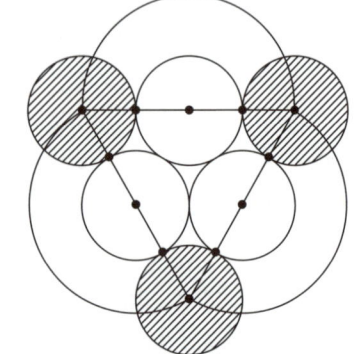

【別解】円Bと白い円の半径比＝1：1
　　歯車のように考えると，白い円1つの周りを公転する間に円Bは1＋1＝2回自転する。
　　白い円1つの周りを半分公転する間に円Bは2÷2＝1回自転する。
　　半分の公転を3回するので，自転は1×3＝3回。

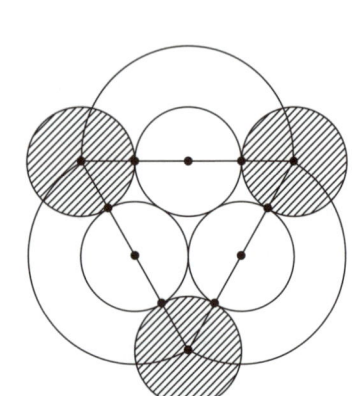

71 (1) **27，57，87**　　(2) **8**　　(3) **＋，÷**　　(4) **12**　　(5) **4**

関連問題

表し方の約束に着目しよう3

72 1回目 月 日 2回目 月 日

(1) 次の①～④を計算したところ，答えは全部同じになりました。0でない4つの数ア～エを小さい順に並べると □，□，□，□ になります。
① ア×$1\frac{1}{7}$　② イ÷$1\frac{1}{6}$　③ ウ×$\frac{12}{13}$　④ エ÷$\frac{11}{12}$
（青山学院）

(2) $\frac{7}{4}$と$\frac{35}{6}$のどちらにかけても，答えが整数となる分数のうちで最も小さいものは □ です。
（光塩女子学院）

(3) $\frac{15}{56}$と$\frac{33}{98}$のどちらで割っても整数となる分数のうち，最も小さいものは □ です。
（ラ・サール）

(4) ある草原で牛を放牧します。6頭放牧すると30日間で草を食べつくし，10頭放牧すると12日間で食べつくします。□ 頭までなら，草原の草を食べつくすことなく，牛を放牧することができます。ただし，草は毎日一定の割合でのびるものとし，すべての牛が1日あたりに食べる草の量は同じものとします。
（明治大学付属中野）

(5) 半径3cmの円を5個重ならないように並べました。この円にそうように，半径の長さが同じ円がすべることなく1周するとき，円の中心Oが動いた線の長さは □ cmです。ただし，円周率は3.14とします。
（湘南白百合学園）

探究しよう！

図形 ▶ 円の回転数について，円の大きさの相互関係から法則は作れないのか？

・他の中心に対する回転を**公転**，自身の中心に対する回転を**自転**というとすると，円Aの中心が円Aの円周だけ移動するたびに，円Aは1回自転する。
だから円Aが，半径が □ 倍の円Bの周りを1周するときの自転数は…

【円Bの**外側**を回るとき】
　円Aの中心が通る円の半径はAの半径の（□＋1）倍だから，自転数＝□＋1

【円Bの**内側**を回るとき】
　円Aの中心が通る円の半径はAの半径の（□－1）倍だから，自転数＝□－1

【例】円Bが円Aの2倍の半径の場合
　　外側の公転1回で，自転は2＋1＝3回
　　内側の公転1回で，自転は2－1＝1回

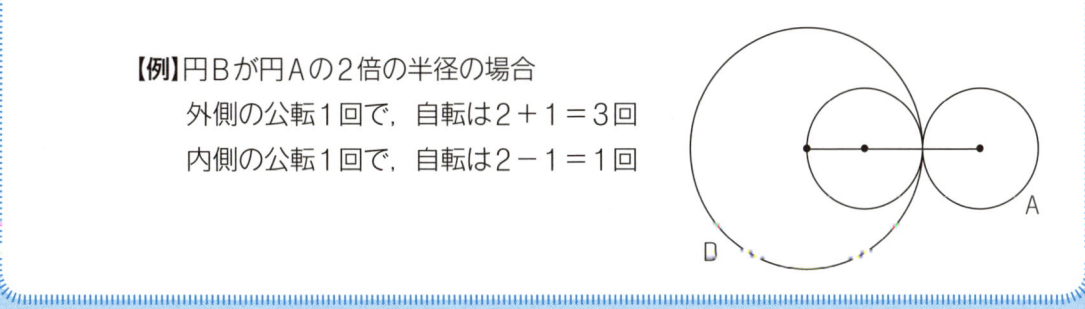

関連問題 (p.101) 72 解答

72 (1) ア, エ, ウ, イ　　(2) $1\dfrac{5}{7}$　　(3) $11\dfrac{11}{14}$　　(4) 3　　(5) 69.08

解説

(1) ア$\times\dfrac{8}{7}$＝イ$\times\dfrac{6}{7}$＝ウ$\times\dfrac{12}{13}$＝エ$\times\dfrac{12}{11}$　大きな数をかけているものが小さい。

かけた数が大きい順に，$\dfrac{8}{7}$, $\dfrac{12}{11}$, $\dfrac{12}{13}$, $\dfrac{6}{7}$だから，小さい順に並べるとア，エ，ウ，イ。

(2) $\dfrac{7}{4}\times\dfrac{B}{A}$と$\dfrac{35}{6}\times\dfrac{B}{A}$がどちらも整数となる。

$\dfrac{B}{A}$を最小にする。

Aは7，35の最大公約数＝7

Bは4，6の最小公倍数＝12

$\dfrac{B}{A}=\dfrac{12}{7}=1\dfrac{5}{7}$

(3) $\dfrac{B}{A}\div\dfrac{15}{56}=\dfrac{B}{A}\times\dfrac{56}{15}$と$\dfrac{B}{A}\div\dfrac{33}{98}=\dfrac{B}{A}\times\dfrac{98}{33}$のどちらも整数となる。

$\dfrac{B}{A}$を最小にする。

Aは56，98の最大公約数＝14

Bは15，33の最小公倍数＝165

$\dfrac{B}{A}=\dfrac{165}{14}=11\dfrac{11}{14}$

(4) 牛1頭が1日に1山の草を食べるとする。

$1\times 6\times 30=180$（山）……6頭が30日間で食べた草

$1\times 10\times 12=120$（山）……10頭が12日間で食べた草

$180-120=60$（山）……18日間（＝30－12）で生えた草

$60\div 18=\dfrac{60}{18}=\dfrac{10}{3}=3\dfrac{1}{3}$（山）……1日に生える草

$3\dfrac{1}{3}\div 1=3$余り$\dfrac{1}{3}$　から，3頭までなら，食べる量より生える量のほうが多くなる。

(5) $180\times 2+(180-60)\times 2+60=660$（度）

　　　　……移動した角度の合計

$3\times 2\times 2=12$（cm）……弧の直径

$12\times 3.14\times\dfrac{660}{360}=12\times 3.14\times\dfrac{11}{6}$

　　　　　　　　　　　$=3.14\times 22$

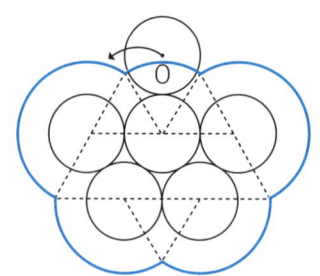

　　　　　　　　　　　$=69.08$（cm）

視点 Ⅴ しくみをつかもう……1

[13]…規則性／割合と比の統一／底辺比と面積比

基本チェック

計算 ▶ となりどうしの差に着目して数列のしくみを見つける
- □ となりどうしの差が一定の数列を「等差数列」という
- □ 等差数列の□番目の数＝初項＋公差×(□－1)　※両端が木の「植木算」と同じ考え方を使う
- □ 等差数列の和＝(初項＋末項)×項数÷2　※「台形の面積の公式」と同じ考え方を使う

文章題 ▶ 1にあたる量に着目して，割合と量の対応のしくみを使う
- □ 割合は1にあたる量の何倍かを表すので，「割合＝割合にあたる量÷1にあたる量」
- □ 割合にあたる量＝1にあたる量×割合，　1にあたる量＝割合にあたる量÷割合

図形 ▶ 「高さが等しい三角形の面積比＝底辺比」からしくみをとらえる

ホップ 73

(1) 3の倍数をのぞいたものを小さい順に並べて1，2，4，5，7，8，10，11，13，…の2013番目は　　　　です。　　　　　　　　　　　　　　　　　　　　　　　　　　(穎明館)

(2) 15＋19＋23＋45＋41＋37＝　　　　　　　　　　　　　　　　　　　　　　(多摩大学目黒)

(3) 2012＋2016＋2020＋2024＋2028＋2032＋2036＋2040＝　　　　　　　　　(森村学園)

(4) A，B，C，Dの4人でカードを分けました。はじめにAさんが全体の$\frac{1}{4}$をとり，次にBさんが残りの$\frac{1}{3}$と4枚をとり，次にCさんがその残りの$\frac{1}{2}$と2枚をとったところ，Dさんの分は10枚でした。カードははじめに　　　　枚ありました。　　　　　(清泉女学院)

(5) 三角形ABCの辺BCの真ん中の点をD，辺ACの真ん中の点をEとします。EF：FD＝1：2のとき，三角形ABDの面積は三角形CEFの面積の　　　　倍です。　　　　　　　　　　　　　　　　　　　　　　　(穎明館)

視点チェック

計算 ▶ くり返しに着目して，数列のしくみをとらえる

- ☐ 紙をつないだテープののりしろの数は，植木算より，「紙の枚数－1」になる
- ☐ ある数Aで割るとB余る数は，「Bが初項で公差A」の等差数列になる
- ☐ 分数がくり返す小数になるとき，「分子÷分母の余り」から周期を見つける
- ☐ $\frac{1}{2}$を次々に$\frac{1}{2}$倍した数の和＝1－最後の分数

  【例】$\frac{1}{2}+\frac{1}{4}+\frac{1}{8}=1-\frac{1}{8}$

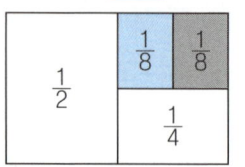

文章題 ▶ 分数倍の意味づけによって割合を統一して，しくみをとらえる

- ☐ 分数のかけ算の意味は，分母で分けて，分子で集める

  【例】$\square \times \frac{3}{7}$ ……□を7個に等しく分けて，それを3個集める

- ☐ 積が1になる2つの分数は，逆数の関係になる $\frac{B}{A} \times \frac{A}{B} = 1$

  【例】$A \times \frac{3}{7} = 1$なら，$A = \frac{7}{3}$

- ☐ A×○＝B×□で，○と□が整数ならば，積を○と□の最小公倍数に仮定する

  【例】A×6＝B×8なら，A×6＝B×8＝24と仮定する
  　　　A：B＝(24÷6)：(24÷8)＝4：3　（かける数の逆比）と決定できる

- ☐ A×○＝B×□で，○と□が分数ならば，積を1と仮定する

  【例】$A \times \frac{2}{5} = B \times \frac{3}{7}$なら，$A \times \frac{2}{5} = B \times \frac{3}{7} = 1$と仮定する
  　　　$A：B = \left(1 \div \frac{2}{5}\right) : \left(1 \div \frac{3}{7}\right) = \frac{5}{2} : \frac{7}{3}$　（かける数の逆数比）と決定できる

  【例】$\frac{2}{5} = \frac{3}{7}$なら，①$\times \frac{2}{5} = $ ①$\times \frac{3}{7} = 1$　と仮定する

  　　　①：①$= \frac{5}{2} : \frac{7}{3}$　（かこみの中の数の逆数比）と決定できる

図形 ▶ 基準を決めて面積を比べて，図形全体のしくみをとらえる

- ☐ 図形全体の，または部分の面積を1とすると，他の部分も明確になる
- ☐ わからない長さは，1，①，①などを使って仮定して図にかき込む

ホップ (p.103) **73 解答**

73 (1) 3019　(2) 180　(3) 16208　(4) 56　(5) 6

ステップ 74

(1) 縦3cm，横8cmの長方形の紙を，のりしろを□cmにして16枚つなげてできる長方形の面積は321cm²です。 （大妻）

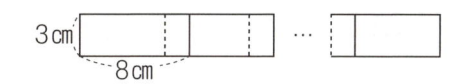

(2) 3＋6＋9＋12＋…＋87＋90＝□ （明治大学付属中野）

(3) $\frac{87}{101}$ を小数で表したとき，小数第35位の数字は□です。 （横浜雙葉）

(4) AさんはBさんより15cm背が高く，2人が同じ机の横に立つと，Aさんは身長の $\frac{4}{7}$ が机よりも上側にあり，Bさんは身長の $\frac{9}{17}$ が机よりも上側にあります。このとき，Aさんの身長は□cmです。 （中央大学附属横浜）

(5) 右の図のような直角三角形ABCがあります。色のついた部分の面積は□cm²です。 （慶應義塾中等部）

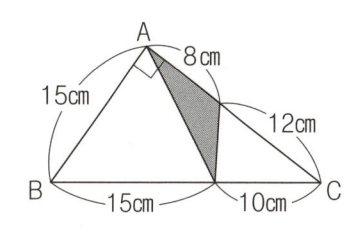

ステップ 75

(1) 長さ6cmのテープ51本を，のりしろの幅を□cmにして1本につなげると，2m26cmになりました。 （聖園女学院）

(2) 2＋5＋8＋11＋…＋293＋296＋299＝□ （逗子開成）

(3) $\frac{233}{990}$ を小数で表したとき，小数第31位の数字は□です。 （浦和実業学園）

(4) プールに水を入れ，そこに鉄の棒Aと，Aより長さが21cm短い鉄の棒Bをまっすぐに立てると，Aはその長さの $\frac{4}{15}$ ，Bはその長さの $\frac{1}{9}$ が水面から出ていました。このとき，プールの水の深さは□cmです。 （江戸川女子）

(5) 右の図の正方形の面積が20cm²のとき，色のついた部分の面積は□cm²です。 （日本大学）

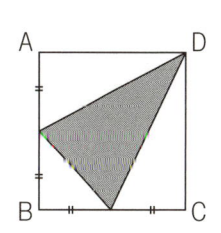

ステップ (p.105) 74 75 解答

74 (1) 1.4　(2) 1395　(3) 1　(4) 168　(5) 24

解説

(1) $321 \div 3 = 107$(cm)　……長方形全体の横の長さ

$8 \times 16 - 107 = 21$(cm)　……のりしろがないときと比べて短くなる長さ

$21 \div (16 - 1) = 1.4$(cm)　……のりしろの長さ

【別解】等差数列のＮ番目の式から考える。

16枚つないだ長さ $= 8 + (8 - \square) \times (16 - 1) = 321 \div 3$　を逆算する。

(2) 「初項が3で公差が3，末項が90の等差数列になる」というしくみ。

項数は，$(90 - 3) \div 3 + 1 = 30$　(植木算)

和は $(3 + 90) \times 30 \div 2 = 1395$

(3) 分数を小数で表すには「分子÷分母」をする。

$87 \div 101 = 0.86138613\cdots\cdots$

小数点以下が「8613」と周期が4でくり返すしくみなので，

$35 \div 4 = 8$ 余り3から，小数第35位は，余り3→小数第3位の「1」となる。

(4) 「基準を1つに統一」する。

机の高さは同じなので，基準とするために1とおく。

机の高さ $= \boxed{\text{Aさんの身長}} \times \left(1 - \dfrac{4}{7}\right) = \boxed{\text{Bさんの身長}} \times \left(1 - \dfrac{9}{17}\right) = 1$　となる。

これから，$\boxed{\text{Aさんの身長}} = 1 \div \left(1 - \dfrac{4}{7}\right) = \dfrac{7}{3}$，$\boxed{\text{Bさんの身長}} = 1 \div \left(1 - \dfrac{9}{17}\right) = \dfrac{17}{8}$と表せる。

だから，身長の差 $= \dfrac{7}{3} - \dfrac{17}{8} = \dfrac{5}{24}$が，15cmにあたる。

1にあたる量(机の高さ) $= 15 \div \dfrac{5}{24} = 72$(cm)

Aさんの身長は，$72 \times \dfrac{7}{3} = 24 \times 7 = 168$(cm)となる。

(5) 右の図のように，P，Qとする。

$15 \times (8 + 12) \div 2 = 150$(cm²)　……三角形ＡＢＣ

ＢＰ：ＰＣ $= 15 : 10 = 3 : 2$　より，

三角形ＡＰＣは，$150 \times \dfrac{2}{3 + 2} = 60$(cm²)

また，ＡＱ：ＱＣ $= 8 : 12 = 2 : 3$　より，

三角形ＡＰＱの面積は

$60 \times \dfrac{2}{2 + 3} = 24$(cm²)となる。

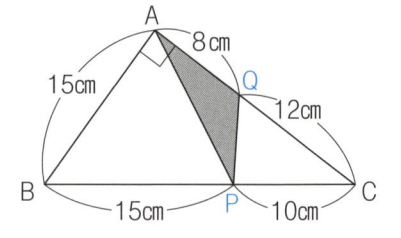

75 (1) 1.6　(2) 15050　(3) 5　(4) 88　(5) 7.5

ジャンプ 76

(1) $\dfrac{1}{2}+\dfrac{1}{4}+\dfrac{1}{8}+\dfrac{1}{16}+\dfrac{1}{32}+\dfrac{1}{64}+\dfrac{1}{128}=\boxed{}$ （成城学園）

(2) 3から100までの整数の中で，3で割ると2余る数をすべて足すと $\boxed{}$ です。（明治学院）

(3) 1から $\boxed{}$ までの整数のうち，3で割っても4で割っても割り切れない整数がちょうど10個あります。 $\boxed{}$ にあてはまる整数をすべて求めなさい。（早稲田）

(4) A，B2つの容器に水が入っています。「Aの水の $\dfrac{2}{3}$ をBにうつし，その後Bの水の $\dfrac{1}{2}$ をAにうつす」という操作をくり返します。この操作を何回くり返してもAの水の量が変わらないとき，はじめ，A，Bに入っていた水の量の比を最も簡単な整数の比で表すと $\boxed{}:\boxed{}$ です。（世田谷学園）

(5) 右の図の三角形ABCで，AD：DB＝1：2，BE：EC＝3：2です。三角形ABCの面積が125㎠のとき，四角形ADECの面積は $\boxed{}$ ㎠です。（神奈川学園）

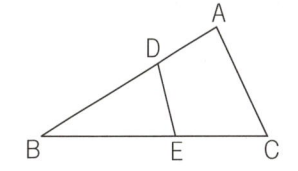

ジャンプ 77

(1) $1-\left(\dfrac{1}{2}+\dfrac{1}{4}+\dfrac{1}{8}+\dfrac{1}{16}+\dfrac{1}{32}+\dfrac{1}{64}+\dfrac{1}{128}+\dfrac{1}{256}+\dfrac{1}{512}+\dfrac{1}{1024}\right)=\boxed{}$ （海城）

(2) 7で割っても，11で割っても3余る3けたの整数は全部で $\boxed{}$ 個あります。（筑波大学附属）

(3) 1から200までの整数の中に，ある整数の倍数が15個あります。この15個の和は $\boxed{}$ です。（芝）

(4) A，B，Cの3人があわせて6300円持っています。はじめに，Aが所持金の $\dfrac{1}{4}$ ずつをBとCに渡しました。その後，Bが所持金の $\dfrac{1}{5}$ ずつをAとCに渡しました。さらにその後，Cが所持金の $\dfrac{1}{6}$ ずつをAとBに渡しました。この結果，AとBの所持金は等しくなり，Cの所持金はAの所持金の $\dfrac{4}{5}$ になりました。Aの最初の所持金は $\boxed{}$ 円でした。（鷗友学園女子）

(5) 右の図で，AD：DB＝3：5，AE：EC＝2：1です。斜線部分の面積が39㎠であるとき，三角形ABCの面積は $\boxed{}$ ㎠です。（公文国際学園）

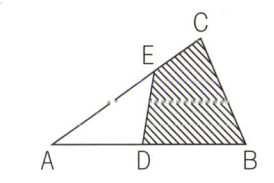

ジャンプ (p.107) 76 77 解答

76 (1) $\dfrac{127}{128}$　　(2) 1648　　(3) 19, 20, 21　　(4) 3：2　　(5) 75

解説

(1) $\dfrac{1}{2}+\dfrac{1}{4}+\dfrac{1}{8}+\dfrac{1}{16}+\dfrac{1}{32}+\dfrac{1}{64}+\dfrac{1}{128}=$ ① とする。

$$① \times 2 = ② = \left(\dfrac{1}{2}+\dfrac{1}{4}+\dfrac{1}{8}+\dfrac{1}{16}+\dfrac{1}{32}+\dfrac{1}{64}+\dfrac{1}{128}\right)\times 2$$

$$= 1+\dfrac{1}{2}+\dfrac{1}{4}+\dfrac{1}{8}+\dfrac{1}{16}+\dfrac{1}{32}+\dfrac{1}{64}\ (\text{かっこの中がすべて2倍になる})$$

$$②-① = ① = \left(1+\dfrac{1}{2}+\dfrac{1}{4}+\dfrac{1}{8}+\dfrac{1}{16}+\dfrac{1}{32}+\dfrac{1}{64}\right)-\left(\dfrac{1}{2}+\dfrac{1}{4}+\dfrac{1}{8}+\dfrac{1}{16}+\dfrac{1}{32}+\dfrac{1}{64}+\dfrac{1}{128}\right)$$

$$= 1-\dfrac{1}{128}=\dfrac{127}{128}$$

(2) 「初項が5で公差が3, 末項が98の等差数列になる」というしくみ。

(3) 1から12までの中に, 3でも4でも割り切れない整数は, 1, 2, 5, 7, 10, 11の6個。
これらに12を足した, 13, 14, 17, 19, 22, 23も, 3でも4でも割り切れない。
残りの10－6＝4個目は19, 5個目は22だから, □は19以上22未満。

(4) 計算しやすくするために, はじめのAの量を③, Bの量を2とおく。

③ $\times \dfrac{2}{3}$ ＝②, ③－②＝①から,

A＝①, B＝2＋②　……Aからうつしたあと

B＝(2＋②)$\times\dfrac{1}{2}$＝2$\times\dfrac{1}{2}$＋②$\times\dfrac{1}{2}$＝1＋①　……Bからうつしたあとの B (分配法則)

A＝①＋1＋①＝②＋1　……Bからうつしたあとの A

はじめと比べてみると, (A, B)＝(③, 2)→(②＋1, ①＋1)

はじめと変わらないなら, ③＝②＋1, 2＝①＋1 となる。

つまり, ①＝1

だから, はじめのAとBの量の比は 3：2。

(5) 四角形を三角形に分けることによって, 等しい高さの三角形の面積比を使いやすくする。
BE：EC＝3：2なので, 三角形BDEと三角形DECの面積をそれぞれ3, 2とする。
三角形DBCの面積は3＋2＝5となるから, AD：DB＝1：2より, 三角形ADCの面積は5÷2＝2.5となる。

三角形ABC：四角形ADEC
＝(3＋2＋2.5)：(2＋2.5)
＝7.5：4.5＝⑤：③

$125 \times \dfrac{③}{⑤}=75$ (cm²)

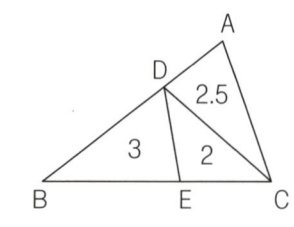

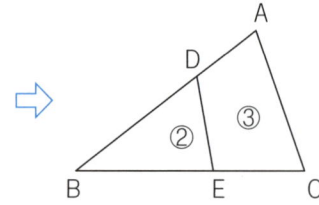

---

77 (1) $\dfrac{1}{1024}$　　(2) 11　　(3) 1560　　(4) 2400　　(5) 52

関連問題

しくみをつかもう1

78 1回目 月 日　2回目 月 日

(1) $0.111+0.222+0.333+0.444+0.555+0.666+0.777+0.888+0.999+1.11-0.105=$ ◯ （城西川越）

(2) $\dfrac{120}{\square}+\dfrac{119}{\square}+\cdots\cdots+\dfrac{2}{\square}+\dfrac{1}{\square}=605$ （ ◯ には同じ数が入る）（鎌倉学園）

(3) 2，5，10，◯，26，37，…… （公文国際学園）

(4) 長さの差が36cmである2本のテープがあります。両方のテープから，長いテープの長さの $\dfrac{2}{5}$ を切り取ったところ，長いテープの残りの長さは短いテープの残りの長さの4倍になりました。長いテープのもとの長さは ◯ cmです。（日本大学第二）

(5) 右の図のような三角形ABCがあり，辺AB，BCをそれぞれ3等分した点をD，E，F，Gとします。また，辺ACの真ん中の点をHとします。ア，イ，ウの面積の合計とエの面積との差は，三角形ABCの面積の ◯ 倍です。（慶應義塾普通部）

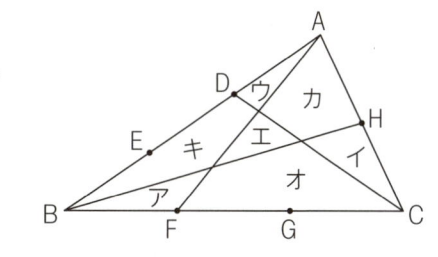

探究しよう！

計算▶ 2倍2倍の等比数列（比が一定）の和は，2進法とどんな関係がある？

・1+2+4+8を2進数にすると，1+10+100+1000＝1111
・すべての位が1の2進数に1を足すと，くり上がって10…0になる
【例】2進法では，111111 は1000000－1
【例】10進法では，1+2+4+8+16+32 は，32×2－1

図形▶ 図形の見方を変えると，どんないいことがあるの？

・意図的に見方を変えてみることが大切！

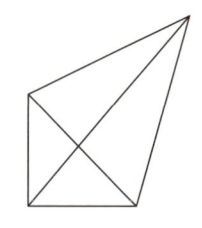

もとの図のまま。4つの三角形に分けられている。情報不足だったりして，失敗しやすい。

三角形2枚1組で四角形を作る。四角形が2枚重なっている。情報から面積・長さが計算・逆算できることが多い。

関連問題 (p.109) ㊆解答

㊆ (1) 6   (2) 12   (3) 17   (4) 80   (5) $\dfrac{1}{6}$

解説

(1) $0.111 + 0.222 + 0.333 + 0.444 + 0.555 + 0.666 + 0.777 + 0.888 + 0.999 + 1.11 - 0.105$

$= 0.111 \times (1 + 2 + 3 + 4 + 5 + 6 + 7 + 8 + 9 + 10) - 0.105$

$= 0.111 \times 55 - 0.105$

$= 6.105 - 0.105 = 6$

(2) $\dfrac{120}{\Box} + \dfrac{119}{\Box} + \cdots\cdots + \dfrac{2}{\Box} + \dfrac{1}{\Box} = \dfrac{(120+1) \times 120 \div 2}{\Box} = \dfrac{7260}{\Box} = 605$

$7260 \div \Box = 605$ だから，

$\Box = 7260 \div 605 = 12$

(3)   2 ， 5 ， 10 ， □ ， 26 ， 37 ， ……

階差   3   5   7   9   11

$\Box = 10 + 7 = 17$

(4) 同じ長さを引いた残りの差も36cmのまま。

$36 \div (4 - 1) \times 1 = 12$ (cm) ……短いテープの残り

$12 \times 4 = 48$ (cm) ……長いテープの残り

$48 \div \left(1 - \dfrac{2}{5}\right) = 80$ (cm)

(5) もし，アイウの合計とエの差が0だとしたら，アとイとウの部分をエの部分に埋め込むことができる。その場合は，三角形ＡＢＦと三角形ＢＣＨと三角形ＡＤＣの合計が三角形ＡＢＣと一致する。しかし計算してみると，三角形ＡＢＦと三角形ＢＣＨと三角形ＡＤＣの合計は三角形ＡＢＣの $1\dfrac{1}{6}$ 倍になるから，$\dfrac{1}{6}$ 倍だけ差がつく。

三角形ＡＢＣの面積を1とする。

$1 \times \dfrac{1}{3} = \dfrac{1}{3}$ …ア＋ウ＋キ，イ＋ウ＋カ

$1 \times \dfrac{1}{2} = \dfrac{1}{2}$ …ア＋イ＋オ

$\dfrac{1}{3} \times 2 + \dfrac{1}{2} = 1\dfrac{1}{6}$ …ア＋ア＋イ＋イ＋ウ＋ウ＋オ＋カ＋キ

$1\dfrac{1}{6} - 1 = \dfrac{1}{6}$ …（ア＋ア＋イ＋イ＋ウ＋ウ＋オ＋カ＋キ）－（ア＋イ＋ウ＋エ＋オ＋カ＋キ）

$\qquad\qquad\quad =$（ア＋イ＋ウ）－エ

よって，ア，イ，ウの面積の合計とエの面積との差は，

三角形ＡＢＣの面積の $\dfrac{1}{6}$ 倍とわかる。

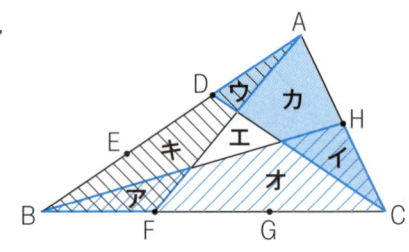

視点 V　しくみをつかもう……2

14…比例式とN進法／過不足・差集め／面積比

基本チェック

計算 ▶ 等しい比の意味と比例式の性質のつながりを理解する
- ☐ 「A：B＝A×○：B×○」，「A：B＝C：DならばA×D＝B×C」

文章題 ▶ 反対向きの量の差は，たし算になることを理解する
- 【例】「利益300円」と「損失200円」の差は，300＋200＝500（円）
- 【例】「15個余る」と「20個不足」の差は，15＋20＝35（個）
- 【例】「200円もらう」と「100円あげる」の差は，200＋100＝300（円）

図形 ▶ 相似な図形の辺・角の対応と相似比からしくみをつかむ
- ☐ 相似な図形の面積比＝相似比の2乗
- ☐ 相似になる理由をはっきりさせることが大切

ホップ　79　1回目　月　日　2回目　月　日

☐☐(1) $A:B=\dfrac{1}{3}:2$，$B:C=\dfrac{2}{3}:\dfrac{1}{4}$ のとき　$A:B:C=4:\boxed{}:9$　　（聖園女学院）

☐☐(2) $2013:\boxed{}=11:1$　　（実践女子学園）

☐☐(3) $(12-\boxed{}):6=\dfrac{1}{2}:\dfrac{1}{3}$　　（東京家政学院）

☐☐(4) ある品物を定価の2割引きで売ると80円の利益があり，3割引きで売ると40円の損失になります。この品物の原価は $\boxed{}$ 円です。　　（桜美林）

☐☐(5) 右の図のような平行四辺形ABCDがあります。三角形ABFの面積が24㎠，三角形BEFの面積が18㎠です。 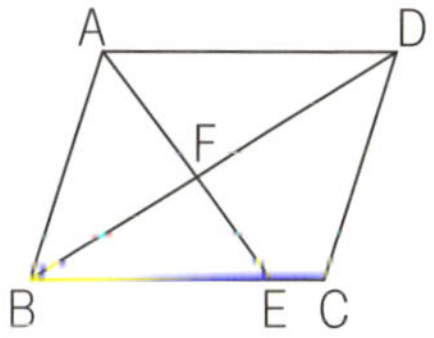
　① BE：ECを最も簡単な整数の比で表すと $\boxed{}:\boxed{}$ です。
　② 四角形CDFEの面積は $\boxed{}$ ㎠です。

（鷗友学園女子）

視点チェック

計算 ▶ 数字列と数そのものを区別して位取りのしくみをつかむ

【例】「11」という数のしくみのとらえ方を変えてみる。

10進法では，11は，10のかたまり1つと，1が1つだから「11」と書く。

　　　＊＊＊＊＊＊＊＊＊＊＊ ➡ ＊＊＊＊＊＊＊＊＊＊ ＊

5進法では，11は，5のかたまりが2つあり，1が1つあるから，「21」と書く。

　　　＊＊＊＊＊＊＊＊＊＊＊ ➡ ＊＊＊＊＊ ＊＊＊＊＊ ＊

☐ N進法は，数をNのかたまりでまとめて数える表し方

　Nのかたまりが1つできると，その位を0にして1つ上の位を1増やす。

　数字は，0からNのかたまりの手前のN−1までの，N個を使う。

　　【例】10進法で使う数字は0，1，2，3，4，5，6，7，8，9の10個

　　　　3進法で使う数字は0，1，2の3個

☐ N進法は，Nのかたまりができると1つ上の位にあげるので，1の位の次の位はNの位，その上がN×Nの位，……。このしくみから，N進数を10進数に直すことができる

　　【例】10進法の位は小さい順に，1，10，10×10，10×10×10，……

　　　　3進法の位は小さい順に，1，3，3×3，3×3×3，……

　　　➡3進数の120→　1×3×3＋2×3＋0×1＝9＋6＝15(10進数)

☐ 10進数をN進数に直すには，10進数(商)をNで割った余りを求め続け，求めた余りを小さい位から順に並べる

　　【例】10進数の11→　11÷3＝3余り2→1の位
　　　　　　　　　　　　3÷3＝1余り0→3の位
　　　　　　　　　　　　1÷3＝0余り1→9の位
　　　　　　　　　　　　　　→3進数の102

　　　　　　　　　　　　　　　余りのあるすだれ算
　　　　　　　　　　　　　　　（わり算の商を下にかく）
　　　　　　　　　　　　　　　3) 11 …2
　　　　　　　　　　　　　　　3) 3 …0
　　　　　　　　　　　　　　　3) 1 …1
　　　　　　　　　　　　　　　 0

　　【別の考え方】
　　　11÷9＝1余り2だから，9の位が1で，1の位が2となり，3進数の102

文章題 ▶ 過不足算は配り方，配る総数，結果の差からしくみをとらえる

☐ そのまま過不足算が使えないしくみなら，使えるように調整する

図形 ▶ 相似と底辺比が使える部分を見つけて全体のしくみをとらえる

☐ 図形を観察する向きを変えたり，着目する相似の組を変えたりする

ホップ (p.111) ㊀解答

㊀ (1) 24　　(2) 183　　(3) 3　　(4) 880　　(5) ①3：1　②38

ステップ 80

(1) ア：イ を，最も簡単な整数の比で表すと ☐ ：☐ です。
$$\frac{72}{ア+24} = \frac{48}{イ+16}$$
（東邦大学付属東邦）

(2) $\frac{5 \times 3}{12} = \frac{☐ \times 12}{144}$
（相模女子大学）

(3) 2，3，4，5，6を次の式の○に入れるとき，最も大きい答えは ☐ です。
○＋○－○×○÷○＝☐
（洗足学園）

(4) A君は，52円切手と82円切手を買って1000円札1枚を渡したところ，おつりを122円もらいました。おつりは2円と考えていたので，買う枚数を逆にしてしまったことに気がつきました。A君は，52円切手と82円切手をそれぞれ ☐ 枚，☐ 枚買うつもりでいました。
（浦和明の星女子・改題）

(5) 右の図のような長方形があります。斜線部分の面積は ☐ cm² です。
（国学院大学久我山）

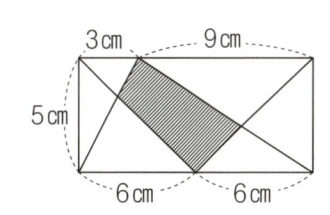

ステップ 81

(1) ○÷△＝6のとき，(△÷4)÷(○÷9)＝☐
（日本大学）

(2) $\frac{ア+1}{イ+3} = \frac{2}{5}$ の ア，イ にあてはまる数は ☐ ，☐ です。
（ア，イには3から9の異なる整数が入る）
（公文国際学園）

(3) 【9，3，8，1】の4つの数の順番を変えないで，＋，－，×，÷，（ ）の記号を使って10になる式をつくると，☐ になります。
（桐蔭学園・改題）

(4) 1個200円のリンゴをちょうど何個か買えるお金を持って出かけました。ところが，リンゴは1個170円に値下がりしていたので，予定より3個多く買えて，90円余りました。持っていたお金は ☐ 円です。
（神奈川学園）

(5) 右の図のように，長方形ABCDがあります。点Eは辺ADを1：3の比に分けています。また，点Fは辺BCのまん中の点です。図の斜線部分で示した，三角形AFDと三角形BEDとの共通部分の面積は，長方形ABCDの面積の ☐ 倍です。
（灘）

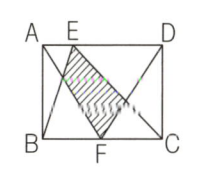

ステップ (p.113) 80 81 解答

80 (1) 3：2　(2) 15　(3) 9.5　(4) 5，9　(5) 14

解説

(1) 「等しい分数の分子の比が，72：48＝3：2ならば，分母も同じ比になる」というしくみから推測する。

分母にある24：16＝3：2から，ア：イ＝3：2

(2) 分母比＝分子比だから，

12：144＝1：12より，□＝5×3＝15

(3) 引く数を小さくするためには，2×3÷□にする。

足す数を大きくするために，残りの4，5，6のうち6，5を選ぶ。

6＋5－2×3÷4＝11－1.5＝9.5

(4) 予定の代金 …… 1000－2＝998(円)

実際の代金 …… 1000－122＝878(円)

合計すると998＋878＝1876(円)で，この金額でどちらの切手も同じ枚数が買える。

1876÷(52＋82)＝14が合計枚数。

(998－878)÷(82－52)＝4が枚数の差。

安い52円のほうが予定では少ないので，(14－4)÷2＝5(枚)。

82円は5＋4＝9(枚)。

(5) 三角形AGEと三角形FGBは相似形で，相似比は1：2。

$6×5÷2×\dfrac{1}{1+2}=5$(cm²) …… 三角形EGF

三角形EHDと三角形CHFは相似形で，相似比は3：2。

$6×5÷2×\dfrac{3}{3+2}=9$(cm²) …… 三角形EFH

5＋9＝14(cm²) …… 四角形EGFH

【別解】相似比3：6＝1：2から底辺6cmの左側の

三角形の高さは，$5×\dfrac{2}{1+2}=\dfrac{10}{3}$(cm)

相似比9：6＝3：2から，底辺6cmの右側の

三角形の高さは，$5×\dfrac{2}{3+2}=2$(cm)

$(6+6)×5÷2－6×\dfrac{10}{3}÷2－6×2÷2$

＝30－10－6＝14(cm²)

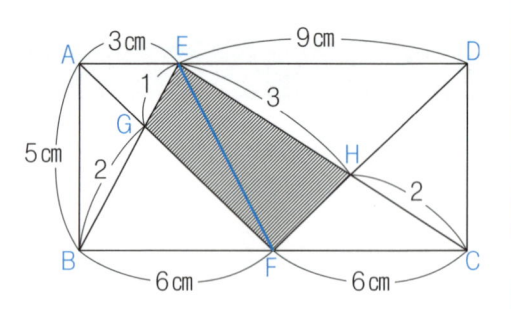

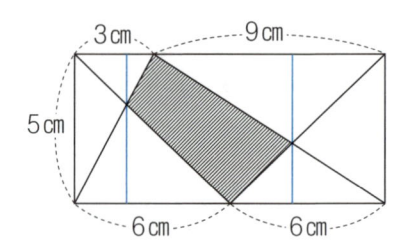

81 (1) $\dfrac{3}{8}$　(2) 3，7　(3) 9÷3＋8－1　(4) 4000　(5) $\dfrac{7}{30}$

ジャンプ 82

(1) 0，1，2の3つの数字を使った整数を小さい順に並べます。最初から10番目の数は □ です。【0，1，2，10，11，12，…】 （玉川聖学院）

(2) 0，1，2の3つの数字を使った整数を小さい順に並べます。222は最初から □ 番目です。【0，1，2，10，11，12，20，21，……】 （市川）

(3) 1，3，5，7，9の5つの数から3つ選んで3けたの整数をつくります。つくることのできる整数の平均は □ です。 （立教新座・改題）

(4) クラス会に必要な費用を生徒全員から同じ金額だけ集めます。1人120円ずつ集めると3人分不足し，1人150円ずつ集めると2人分余ります。クラス会に必要な費用は □ 円です。 （神奈川大学附属）

(5) 底辺が6cm，高さが8cmの2つの同じ形の直角三角形が図のように重なっています。色のついた部分の面積は □ cm²です。 （フェリス女学院）

ジャンプ 83

(1) 0，1，2の3つの数字を使った整数を小さい順に並べます。122番目は □ です。【1，2，10，11，12，20，21，22，100，101，102，……】 （海城）

(2) 5種類の数字0，1，2，3，4を用いて表される数を，次のように小さい順に並べるとき，2014番目の数は □ です。【0，1，2，3，4，10，11，12，13，14，20，21，22，23，……】 （渋谷教育学園渋谷）

(3) 123＋132＋213＋231＋312＋321＝ □ （成城学園）

(4) あるクラスの生徒が長いすに座ります。1つの長いすに5人ずつ座ると4人が座れなくなり，1つの長いすに6人ずつ座ると最後の長いすには3人が座ることになります。クラスの人数は □ 人です。 （慶應義塾湘南藤沢）

(5) 1辺が6cmの正方形の各辺を3等分した点を図のように結びました。斜線部分の面積は □ cm²です。 （芝）

ジャンプ (p.115) 82 83 解答

82 (1) 100　　(2) 27　　(3) 555　　(4) 3000　　(5) $20\dfrac{4}{7}$

解説

(1) 0, 1, 2を000, 001, 002とみなすと,
数列は000, 001, 002, 010, 011, 012, 020, 021, 022と,
「どの位も0, 1, 2の順にくり返す」というしくみ。3進法ともいえる。
0スタートなので, 10番目の数は0の次から10－1＝9番目。
10進数の9は, 3進数で100。

(2) 3進法と考えると, 222は9×2＋3×2＋1×2＝26である。
0から始まっているので27番目。

(3) つくることのできる整数は5×4×3＝60個あるが, 60個のどの位にも1, 3, 5, 7, 9が均等に60÷5＝12回使われる。
60個の3けたの整数の平均は, 5個の数の平均5を使った3けたの整数555。

(4) 1人あたりの金額の差は, 150－120＝30(円)。
これに人数をかけただけの差が合計金額の差で, 120×3＋150×2＝660(円),
660÷30＝22(人)がクラスの人数。
したがって, クラス会の費用は150×(22－2)＝3000(円)。

(5) 直角三角形の斜辺が交わる点と, 重なった直角の頂点を結ぶ。
図形全体は, 高さの等しい4つの三角形に分けることができる。
底辺比6：(8－6)＝3：1を面積比として使うことができる。
一番小さい部分の面積を①とすると,
もとの1つの直角三角形の面積は①＋③＋③＝⑦,
問題の図の色のついた部分の面積は③＋③＝⑥となる。
求める面積は, $6 \times 8 \div 2 \times \dfrac{⑥}{⑦} = 20\dfrac{4}{7}$ (cm²)。

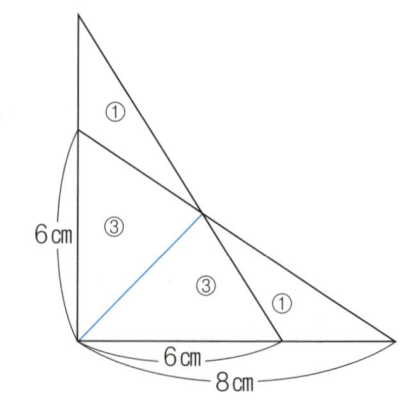

83 (1) 11112　　(2) 31023　　(3) 1332　　(4) 39　　(5) $1\dfrac{1}{3}$

関連問題

しくみをつかもう2

84　1回目　月　日　2回目　月　日

(1) ア：イ：1＝8：ウ：エ＝9：4.5：ア　（同じ記号には同じ数が入る）　（学習院女子）

(2) 次の図のようにして整数を表すことを考えました。この表し方で数を表すと1から63までの数を表すことができます。このとき、43を表すように右の図をぬりなさい。　（東京学芸大学附属世田谷）

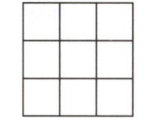

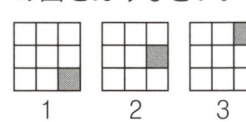

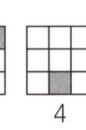

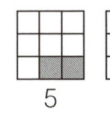

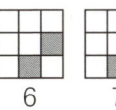

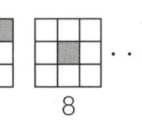

(3) $\dfrac{3}{2}+\dfrac{4}{3}+\dfrac{4}{3}+\dfrac{5}{4}+\dfrac{5}{4}+\dfrac{6}{5}+\dfrac{6}{5}+\dfrac{7}{6}+\dfrac{7}{6}+\dfrac{8}{7}-\dfrac{5}{6}-\dfrac{7}{12}-\dfrac{9}{20}-\dfrac{11}{30}-\dfrac{13}{42}=\boxed{}$　（早稲田大学高等学院）

(4) ミカンの数はリンゴの数の2倍です。ミカンは5個ずつ、リンゴは3個ずつ何人かの子どもに配ったところ、ミカンは5個余り、リンゴは8個足りませんでした。子どもは□人います。　（立正大学付属立正）

(5) 右の図でBD：DC＝5：7、AP：PD＝2：1のとき、AF：FBを最も簡単な整数の比で表すと□：□です。　（富士見）

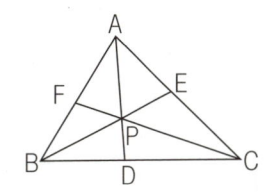

探究しよう！

図形 ▶ 三角形の内部の点と3頂点を結んだら、何か決まりがないの？

・三角形ABCの内部の点Pと頂点を結んでできる2つの三角形の面積比は、結んだ線の延長が三角形ABCの辺を分ける比と同じ

【例】　右の図で、BD：DC＝5：7ならば、
　　　面積比△ABP：△ACPも5：7

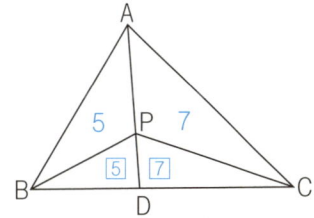

【理由】　△BDP：△CDP＝ 5 ： 7
　　　　 △BDA：△CDA＝ ⑤ ： ⑦
　　　　 △ABP：△ACP＝（⑤－ 5 ）：（⑦－ 7 ）＝5：7
　　　　 加比の理（同じ比を足し引きしても比は同じ）から。

関連問題 (p.117) ⑭解答

⑭ (1) ア3, イ1.5, ウ4, エ2$\frac{2}{3}$ (2) (図) (3) 10 (4) 21 (5) 7:6

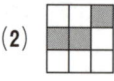

解説

(1) 「連比が等しいならば，2つの比をとりだしても等しい」というしくみを利用する。

ア：イ：1＝8：ウ：エ＝9：4.5：ア

ア：1＝9：ア から，ア×ア＝1×9＝3×3より，ア＝3

3：イ：1＝8：ウ：エ＝9：4.5：3

3：イ：8：ウ＝9：4.5＝2：1から，ウ＝8÷2＝4，イ＝3÷2＝1.5

3：1.5：1＝8：4：エ＝9：4.5：3

1.5：1＝4：エから，1.5×エ＝1×4 エ＝4÷1.5＝4÷$\frac{3}{2}$＝$\frac{8}{3}$＝2$\frac{2}{3}$

(2) 右の図1の色のつく部分に書かれた数の合計が，その図が表す数ということがわかる。
ただし，各列1か所しか色がつかないことに注意する。
43＝32＋8＋3より，43を表す図は右の図2となる。

図1
48	12	3
32	8	2
16	4	1

図2
48	12	**3**
32	**8**	2
16	4	1

(3) 一気に通分しようとせずに，式全体を見わたす。
たし算の通分は左から2つずつの組にすればよいことに気がつく。
それから，同じ分母の分数を引く。

$\frac{3}{2}+\frac{4}{3}+\frac{4}{3}+\frac{5}{4}+\frac{5}{4}+\frac{6}{5}+\frac{6}{5}+\frac{7}{6}+\frac{7}{6}+\frac{8}{7}-\frac{5}{6}-\frac{7}{12}-\frac{9}{20}-\frac{11}{30}-\frac{13}{42}$

$=\frac{9+8}{6}+\frac{16+15}{12}+\frac{25+24}{20}+\frac{36+35}{30}+\frac{49+48}{42}-\frac{5}{6}-\frac{7}{12}-\frac{9}{20}-\frac{11}{30}-\frac{13}{42}$

$=\frac{17-5}{6}+\frac{31-7}{12}+\frac{49-9}{20}+\frac{71-11}{30}+\frac{97-13}{42}$

$=\frac{12}{6}+\frac{24}{12}+\frac{40}{20}+\frac{60}{30}+\frac{84}{42}=2\times 5=10$

(4) リンゴをミカンにあわせて，2倍用意すると2倍配ることができて，過不足も2倍になる。
「ミカンは5個ずつ，リンゴは3×2＝6個ずつ何人かの子どもに配ったところ，ミカンは5個余り，リンゴは8×2＝16個足りませんでした」となる。
(16＋5)÷(6－5)＝21(人)

(5)

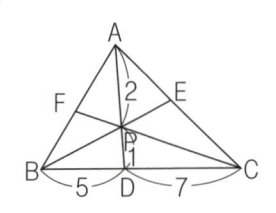

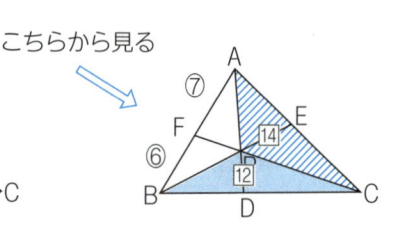

△PDCの面積を⑦とすると，「高さの等しい三角形の面積比＝底辺比」から，
△PBD＝⑤，△APC＝⑦×2＝⑭
AF：FB＝△APC：△BPC＝⑭：(⑤＋⑦)
　　＝14：12＝7：6　（加比の理から）

V しくみをつかもう……3

15…推理／順列・組み合わせ／底辺比と相似比

基本チェック

計算 ▶ 推理する問題では，可能性を広げてからしぼり込む
- ☐ かけ算の推理は，九九の1の位の組み合わせから場合分けする
- ☐ かけ算の推理は，けた数が変わらない部分に着目すると小さい数に限定できる
- ☐ 同じ数字の部分があれば，そこを優先して考える

文章題 ▶ 場合の数は，強い条件を優先して調べる
- ☐ 倍数をつくる問題は，倍数の判定法を使ってから調べる
  【例】3の倍数は，数字の和が3の倍数（12⇒1＋2＝3，315⇒3＋1＋5＝9）

図形 ▶ 線の長さが求めにくいときは，逆算ではなく比を利用

ホップ 85　1回目 月 日　2回目 月 日

(1)
```
    ◎ 8
  ×  4 ◎
    ◎ 2
  7 ◎
  ────
```
（◎は同じ数が入るとは限らない）

（多摩大学目黒）

(2) 次の式の値が整数になるような整数◎は ☐ 種類あります。

$\dfrac{1}{◎} + \dfrac{2}{◎} + \dfrac{3}{◎} + \dfrac{4}{◎} + \dfrac{5}{◎}$ （◎は同じ数が入る）

（筑波大学附属）

(3) ウ にあてはまる数は ☐ です。
```
    4 6 ア イ
  +     5 ウ 4
  ─────────
    ア イ 4 6
```
（同じ文字には同じ数字が入る）

（多摩大学附属聖ヶ丘）

(4) 5枚のカード2，3，4，5，6のうち，3枚を並べてできる3けたの偶数は ☐ 個あります。

（日本大学第二）

(5) 右の図で，AD＝DE＝EB，AF＝FG＝GCです。斜線部分のまわりの長さは ☐ cmです。

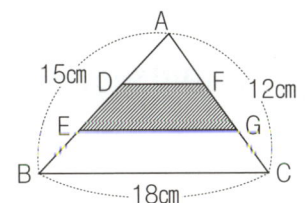

（東京家政学院）

視点チェック

計算 ▶ 素数○で割り切れる回数は，○でくり返し割って調べる

☐ 「1×2×3×…×□」が○で割り切れる回数は，○で割った商を出し続けて足す

【例】「1×2×3×…×125」が，5で何回割り切れるかを調べる。

125÷5＝25（個）　……5の倍数（5で1回は割れる数）の個数
125÷25＝5（個）　……25の倍数（5で2回は割れる数）の個数
125÷125＝1（個）　……125の倍数（5で3回は割れる数）の個数

だから，「1×2×3×…×125」は，5で，25＋5＋1＝31（回）割り切れる。

文章題 ▶ 場合の数は，分類と規則性の両方の視点を使う

☐ ①まず，書き出してしくみを予想する

②しくみを大きく種類分けして，規則性がないかを考えながら調べる

（規則性に理由がつけられるときは計算を使ってもよい）

③調べた後も，これで本当に十分なのか，モレやダブリがないかを検証する

図形 ▶ 補助線を引くことで，比べにくい部分は比べやすいしくみにする

☐ 長さの比を求める場合は，その比が相似比になる三角形をさがすか，つくる

【さがす例】AP：PE＝AD：BE

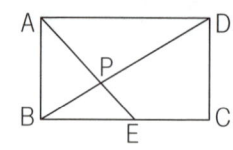

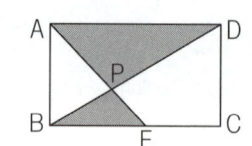

【つくる例】AP：PE＝AQ：BE

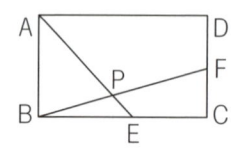

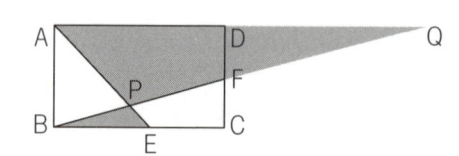

☐ 台形は対角線によって分けても，のばしても，上底と下底の比が利用できる

【例】上底が5cm，下底が7cmの台形の場合

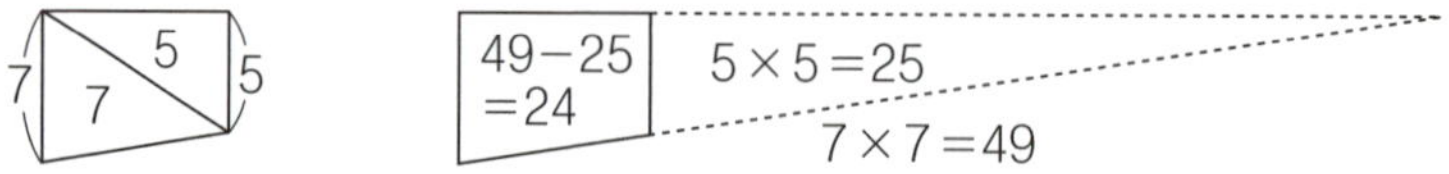

49－25＝24　　5×5＝25
　　　　　　　7×7＝49

ホップ (p.119) ⑧⑤解答

⑧⑤　(1) 792　(2) 4　(3) 9　(4) 36　(5) 27

しくみをつかもう3

ステップ 86

(1) $\dfrac{3}{2\times5\times5\times5\times5\times5}$ を小数で表すと，小数第□位までの数になります。　（筑波大学附属）

(2) 1から150までの整数の積 $1\times2\times3\times4\times5\times6\times\cdots\times148\times149\times150$ を5で割り切れなくなるまで割っていくとき，□回割ることができます。　（東邦大学付属東邦）

(3) 1から順に整数をかけ合わせます。それを記号！を用いて，次のように約束します。
1！＝1，2！＝1×2，3！＝1×2×3，4！＝1×2×3×4，……
A！を計算したとき，一の位と十の位の数が0になりました。そのようなAのうち，最も小さい整数は□です。　（東京女学館）

(4) 右の図のように，直線ℓ上に2点A，Bがあり，直線m上に4点C，D，E，Fがあります。これらの点を頂点とする三角形は全部で□個あります。　（立正大学付属立正）

(5) 右の図のような平行四辺形があります。このとき，ABとBCの長さを最も簡単な整数の比で表すと□：□です。　（海城）

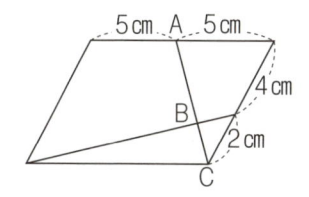

ステップ 87

(1) 次の式を計算したときの小数第7位は□です。　$\dfrac{3}{16}\div(5\times5\times5\times5\times5\times5\times5)$　（早稲田）

(2) $1\times2\times3\times\cdots\cdots\times498\times499\times500$ は，3で□回割り切れます。　（浅野）

(3) 8から28までの整数を1回ずつかけてできた数は，0が一の位から連続して全部で□個並びます。　（法政大学）

(4) 赤，青，黄，緑の4つのボールと赤，青，黄，緑の4つの箱があります。ボールを箱にボールの色と箱の色が異なるように1つずつ入れる方法は□通りです。　（城西川越）

(5) 図のように，縦3cm，横4cmの長方形の周上に，1cmごとに点を打ちました。このとき，PQの長さとQRの長さの比は，□：□です。　（開智）

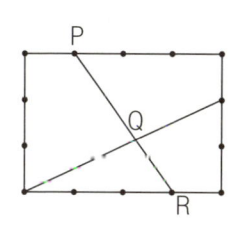

ステップ (p.121) 86 87 解答

86 (1) 5　　(2) 37　　(3) 10　　(4) 16　　(5) 5：2

解説

(1)「10（2と5の積）で割ると，小数点が1つ右に動く」というしくみから予想する。
　　5で割ることは，10で割って2倍したことと同じなので，小数点の移動のしくみは同じ。
　　3を10または5で5回割っているので，小数第5位の数。

(2)「5で割り切れる回数は素因数分解したときの5の個数で決まる」というしくみから推測する。
　　150÷5＝30から，5の倍数は30個。
　　150÷25＝6から，25（＝5×5）の倍数は6個。
　　150÷125＝1余り25から，125（＝5×5×5）の倍数は1個。
　　だから，5で割り切れる回数は30＋6＋1＝37(回)。

(3)「末尾に0が並ぶ個数は，2×5＝10から，2で割り切れる個数と5で割り切れる個数の小さいほうの数に決まる」というしくみから考える。
　　5が2個必要になるので，2番目の5の倍数の10までかける。

(4)　直線ℓ上の点を2つ使う三角形は三角形AB□で，□はC，D，E，Fの4通り。
　　ℓ上の点を1つだけ使う三角形はA□□かB□□。
　　□□にはC，D，E，Fの4つから2つ選ぶから，
　　それぞれ，3＋2＋1＝6（または4×3÷2＝6）通り。
　　全部で4＋6×2＝16(個)。

(5)　図のように点D，Eを定め，DBの延長線と辺ECとの交点をG，AEの延長線との交点をFとする。

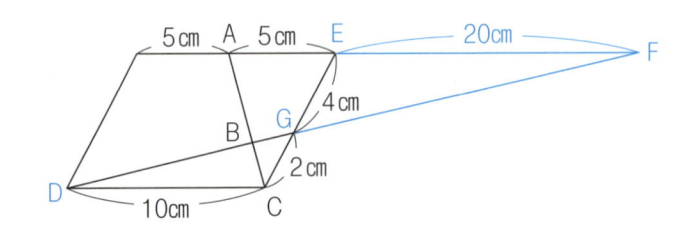

　　三角形EFGと三角形CDGは相似。
　　EG：CG＝4：2＝2：1　……三角形EFGと三角形CDGの 相似比
　　5＋5＝10(cm)　……CDの長さ
　　10×$\frac{2}{1}$＝20(cm)　……EFの長さ
　　三角形AFBと三角形CDBは相似。
　　AF：CD＝(5＋20)：10＝5：2　……三角形AFBと三角形CDBの 相似比
　　よって，ABの長さとBCの長さの比も5：2である。

87 (1) 4　　(2) 247　　(3) 5　　(4) 9　　(5) 5：3

ジャンプ 88

しくみをつかもう3

(1) 72の約数は　　　個あります。（東京女学館）

(2) A＝2×19×53とします。Aのすべて約数の和は　　　です。（穎明館・改題）

(3) 123を◎で割ると余りが6になりました。◎にあてはまる整数は　　　個あります。（市川）

(4) 6個のみかんをA，B，Cの3人に分けます。3人とも必ず1個はもらえるものとすると，分け方は　　　通りあります。（桜美林）

(5) 右の図のような台形ABCDがあります。
　① Aを通る直線を引いて台形の面積を半分に分けます。直線が辺BCと交わる点をEとすると，BEの長さは　　　cmです。
　② Bを通る直線を引いて台形の面積を半分に分けます。直線が辺CDと交わる点をFとすると，CFの長さは　　　cmです。（女子学院）

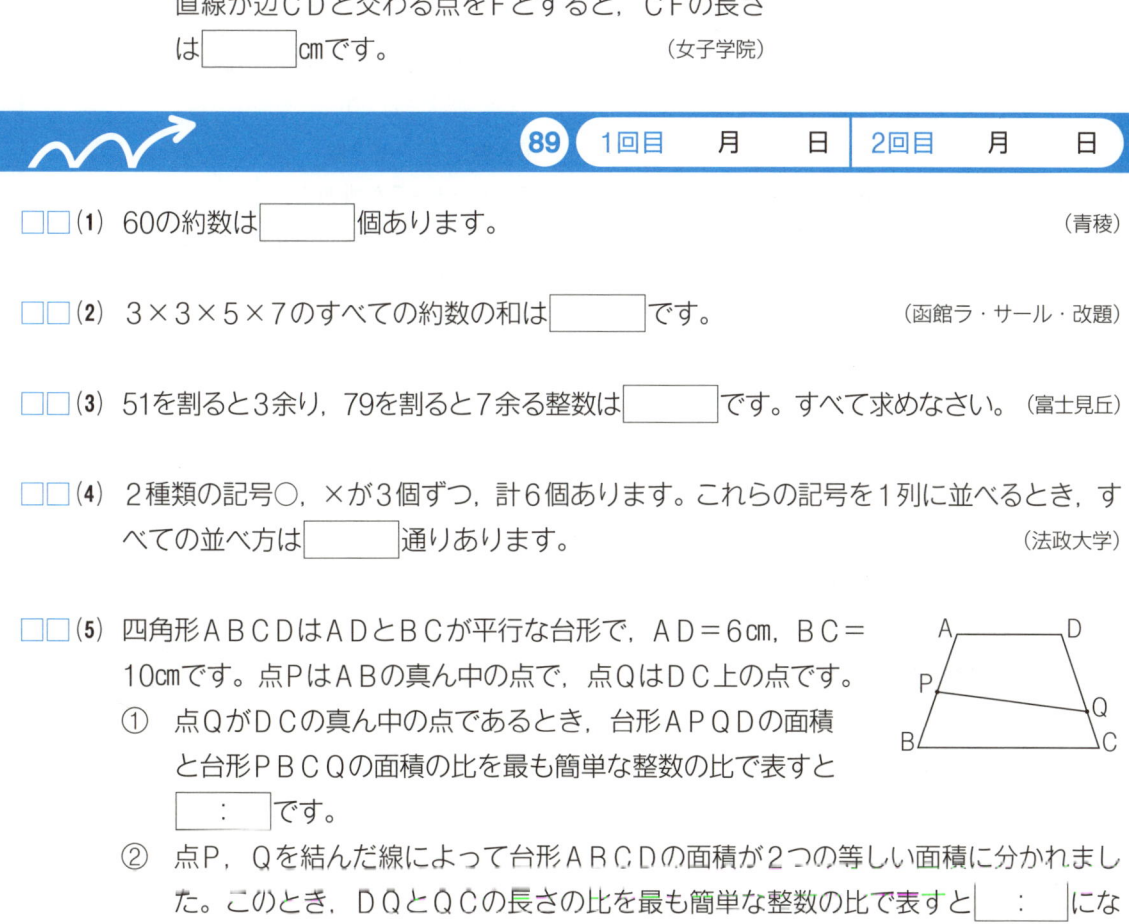

ジャンプ 89

(1) 60の約数は　　　個あります。（青稜）

(2) 3×3×5×7のすべての約数の和は　　　です。（函館ラ・サール・改題）

(3) 51を割ると3余り，79を割ると7余る整数は　　　です。すべて求めなさい。（富士見丘）

(4) 2種類の記号○，×が3個ずつ，計6個あります。これらの記号を1列に並べるとき，すべての並べ方は　　　通りあります。（法政大学）

(5) 四角形ABCDはADとBCが平行な台形で，AD＝6cm，BC＝10cmです。点PはABの真ん中の点で，点QはDC上の点です。
　① 点QがDCの真ん中の点であるとき，台形APQDの面積と台形PBCQの面積の比を最も簡単な整数の比で表すと　　　：　　　です。
　② 点P，Qを結んだ線によって台形ABCDの面積が2つの等しい面積に分かれました。このとき，DQとQCの長さの比を最も簡単な整数の比で表すと　　　：　　　になります。（芝）

ジャンプ (p.123) 88 89 解答

88 (1) **12**　　(2) **3240**　　(3) **4**　　(4) **10**　　(5) ①**11** ②**5.5**

解説

(1)　$72 = 2 \times 2 \times 2 \times 3 \times 3 = 8 \times 9$

72の約数は8の約数と9の約数の積で表すことができる。

8の約数は1，2，4，8の4通り，9の約数は1，3，9の3通り。

これからそれぞれ1つずつ選んでかけ算すると，$4 \times 3 = 12$個の約数をつくることができる。

【別解】 小×大のペアをつくる。

　　　　$72 = 1 \times 72 = 2 \times 36 = 3 \times 24 = 4 \times 18 = 6 \times 12 = 8 \times 9$の，6つのペアができる。

　　　　だから，約数は$2 \times 6 = 12$個。

(2)　約数は，素数である2，19，53を使うかどうかに着目。すると約数は$2 \times 2 \times 2 = 8$個。

$1 + 2 + 19 + 38 + (1 + 2 + 19 + 38) \times 53 = (1 + 2 + 19 + 38) \times (1 + 53)$
$ = 60 \times 54 = 3240$

(3)　◎は$123 - 6 = 117$の約数で6より大きい整数。

$117 \div 9 = 13$から，117の約数は，1，3，9，13，39，117。

このうち，6より大きい整数は4個。

(4)　全部書き出しても調べられる。それ以外のやり方もある。

6個のみかんをA，B，Cの3つの部分に分割するために2つの仕切りを入れる。

○｜○｜○｜○｜○｜○　⇒　○｜○　○　○｜○　○

　　　　　　　　　　　　A 1個　　B 3個　　C 2個

仕切りの入れる場所はみかんとみかんの間なので，$6 - 1 = 5$か所ある。

5か所のうち2つに仕切りを入れる場合の数は，5つのものから2つを選ぶ組み合わせの数と同じ。

$5 - 1 = 4$。$4 + 3 + 2 + 1 = 10$（または$5 \times 4 \div 2 = 10$）から10通り。

(5) ①　図1より，

$(8 + 14) \div 2 = 11$(cm)

②　図2より，

台形ABCDの面積を⑧＋⑭＝㉒とおくと，

BFによって㉒÷2＝⑪ずつに分けられる。

三角形ABDの面積は⑧となるから，

⑪－⑧＝③　……三角形BFDの面積

三角形BCFの面積は⑪となるから，

DF：FC＝3：11

以上より，$7 \times \dfrac{11}{3 + 11} = 5.5$(cm)

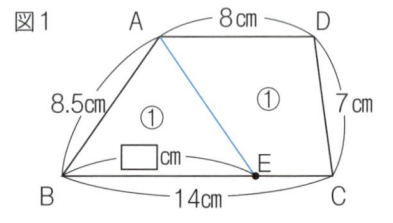

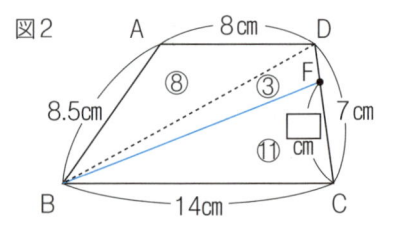

89 (1) **12**　　(2) **624**　　(3) **8, 12, 24**　　(4) **20**　　(5) ①**7 : 9** ②**5 : 3**

関連問題

しくみをつかもう3

90 1回目 月 日 2回目 月 日

(1) 4×5×8×25×125は □ けたの整数になります。 （筑波大学附属）

(2) 48×72×252＝○×○×□
（□は，○が同じ数とするとき，最も小さい整数） （立教新座）

(3) 24÷2＝12，12÷2＝6，6÷2＝3のように，24は2で3回割ることができます。2で4回だけ割ることのできる3けたの整数は全部で □ 個あります。（慶應義塾中等部）

(4) 52チームが参加する大会は，トーナメント戦で優勝が決まります。このとき，1回戦が不戦勝のチームは □ チームあります。 （鎌倉学園）

(5) 右の図において，台形ＡＢＣＤはＡＤの長さが4cm，ＢＣの長さが28cmです。ＰＱはＡＤと平行で台形ＡＢＣＤの面積を二等分しています。このとき，ＰＱの長さは □ cmです。 （中央大学附属横浜）

探究しよう！

計算 ▶ 約数についての素因数分解を利用した一般化，法則はないの？

・約数の個数は，「素数の種類ごとの約数の個数の積」で求められる
【例】1001＝7×11×13 → 7，11，13の約数はそれぞれ2個だから，2×2×2＝8個
・約数の和は，「素数の種類ごとの約数の和の積」で求められる
【例】1001の約数の和＝7の約数の和×11の約数の和×13の約数の和
　　　　　　　　　　＝(1＋7)×(1＋11)×(1＋13)＝1344

文章題 ▶ 整数をいくつかの整数の和に分解するとき大切なことは何か？

・同じでもよいのか，0でもよいのか，上限はないのか
・かき出す場合は優先順位をつける。計算で求める場合は，必要十分か考える
【例】6個のものを3人に0個以上で分ける方法は，6＋2個から2つ選ぶ組み合わせ
　　　○○■○○○■○　⇒　○○■○○○■○
　　　　区切りは2個　　　　AB区切り　BC区切り
【理由】6個のものを左からA，B，Cの3人に分けるために○6つを1列に並べて，AとB，BとCの区切り(■)を入れる。区切りも合わせると，ものは6＋2＝8個ある。そのうち2個を区切りに指定すれば，3人の個数が決まる。

関連問題 (p.125) ⑨⓪解答

⑨⓪ (1) 6　　(2) 42　　(3) 28　　(4) 12　　(5) 20

解説

(1) $4 \times 5 \times 8 \times 25 \times 125 = 4 \times 25 \times 5 \times 8 \times 125 = 500 \times 1000 = 500000$ → 6けた

(2) ○×○×□で,「□は, ○が同じ数とするとき, 最も小さい整数」という条件から, ○をできるだけ大きくする。

$48 = 8 \times 6 = 2 \times 2 \times 2 \times 2 \times 3$ （2が4個, 3が1個）

$72 = 8 \times 9 = 2 \times 2 \times 2 \times 3 \times 3$ （2が3個, 3が2個）

$252 = 126 \times 2 = 63 \times 2 \times 2 = 2 \times 2 \times 3 \times 3 \times 7$ （2が2個, 3が2個, 7が1個）

$48 \times 72 \times 252 = 2 \times 2 \times \cdots \times 3 \times 7$

（2が 4+3+2=9個, 3が 1+2+2=5個, 7が1個）

$9 \div 2 = 4$余り1　$5 \div 2 = 2$余り1から, ○は2が4個, 3が2個の数, □は残り

$48 \times 72 \times 252 = (2 \times 2 \times 2 \times 2 \times 3 \times 3) \times (2 \times 2 \times 2 \times 2 \times 3 \times 3) \times 2 \times 3 \times 7$

□ $= 2 \times 3 \times 7 = 42$

(3) 2で4回割ることのできる数は $2 \times 2 \times 2 \times 2 = 16$ の倍数

2で5回割ることのできる数は $16 \times 2 = 32$ の倍数

3けたの16の倍数で32の倍数ではないものを求める。

[A÷B]はA÷Bの商を表すものとする。

[999÷16] − [99÷16] = 56(個)　……16の倍数の個数

[999÷32] − [99÷32] = 28(個)　……32の倍数の個数

56 − 28 = 28(個)

(4) 極端に単純な場合と比べる。

不戦勝が出ないチーム数は, 2, 4, 8, 16, 32, 64, ……

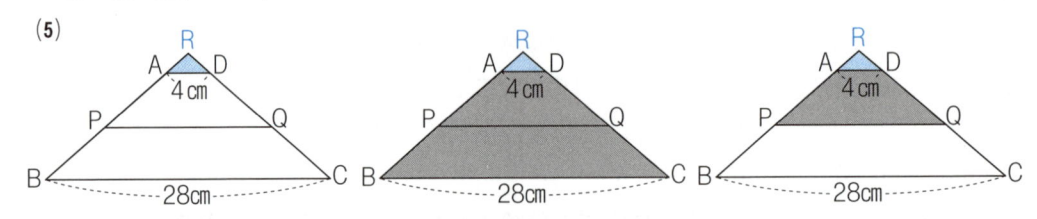

64 − 52 = 12(チーム)

(5) BAの延長とCDの延長の交わる点をRとする。

三角形RADと三角形RBCの相似比は 4:28 = 1:7。

面積比が 1×1 : 7×7 = 1:49 だから, 台形ABCDの面積を 49 − 1 = 48 とする。

台形APQDの面積は 48 ÷ 2 = 24

三角形RPQの面積は 24 + 1 = 25。

三角形RADと三角形RPQの面積比が 1:25 なので相似比は2乗の反対だから, 1:5。

PQはADの5倍だから, 4 × 5 = 20(cm)

まいにち算数 ここまでやったよ！ 達成シート

終わった番号を塗りつぶしていこう！（番号は日付らんの横）

▼1周目

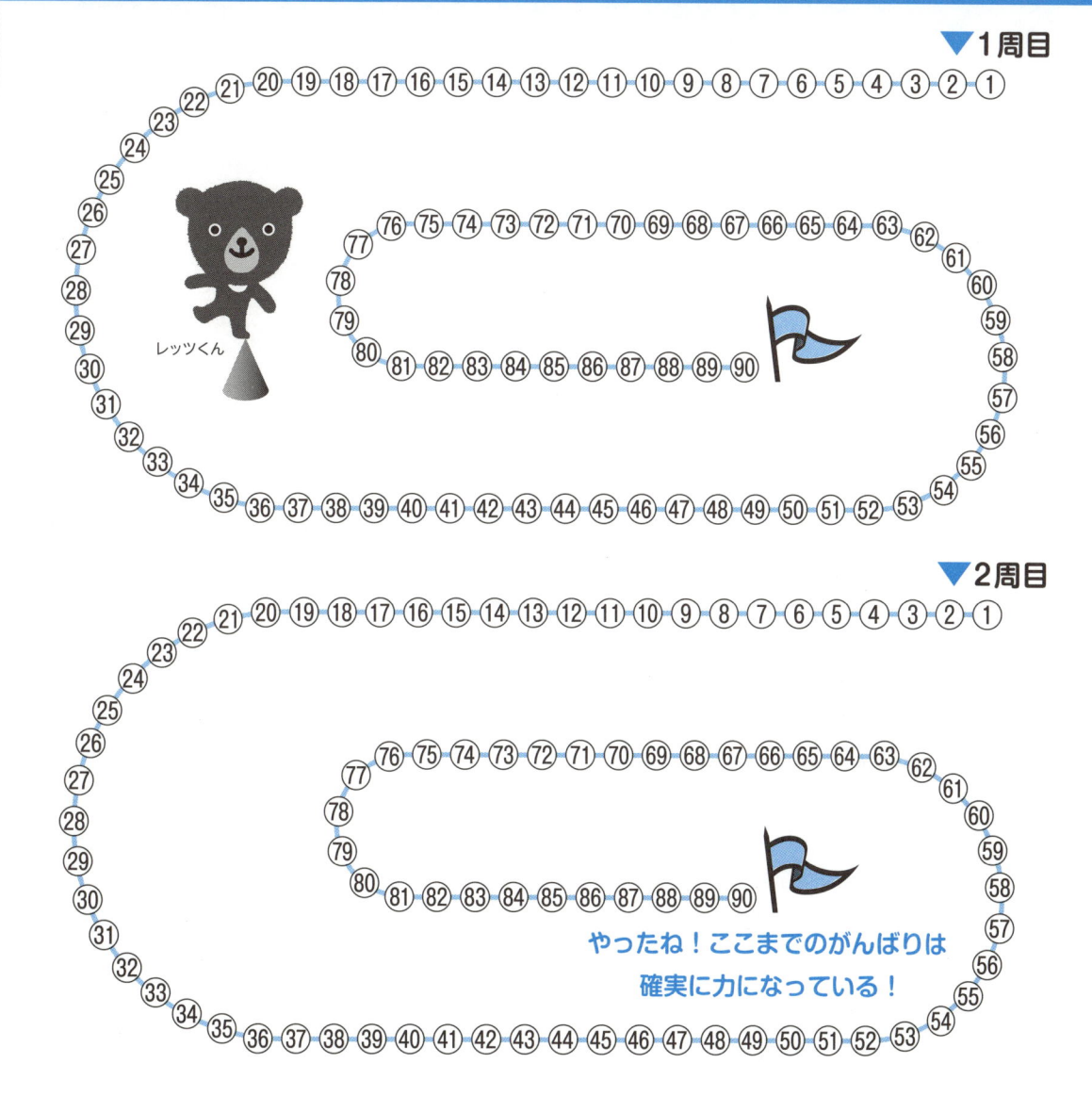

▼2周目

やったね！ここまでのがんばりは確実に力になっている！

→ ここから切り離してください

レッツくん

▶ 正十二面体を作ってランダムに番号を選んでみよう

使い方

① 切り取って組み立てる
② サイコロのようにころがす
③ 1回目に出た数が10の位
④ 2回目に出た数が1の位

　ex. 1回目→[0], 2回目→[6]
　　　　　　⇒番号6

　ex. 1回目→[8], 2回目→[7]
　　　　　　⇒番号87

※91以上が出たり、1回やった数字が出たらもう一度ころがす
※レッツくんが出たら…？自分でルールを作っちゃおう

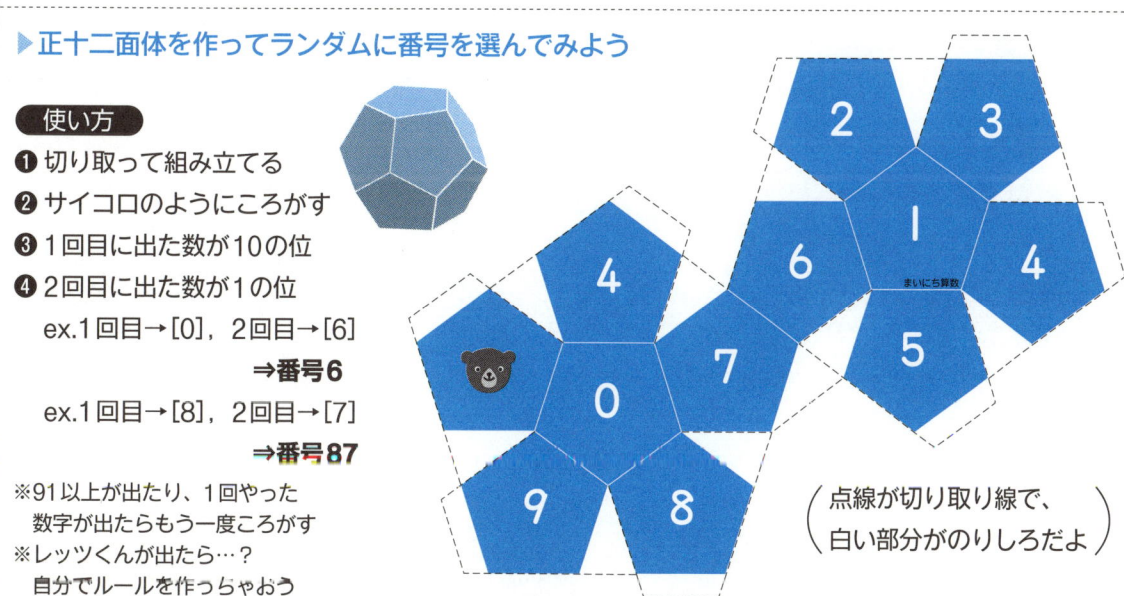

（点線が切り取り線で、白い部分がのりしろだよ）